單體式系統到微服務
改變單體式系統的進化模式

Monolith to Microservices
Evolutionary Patterns to Transform
Your Monolith

Sam Newman　著

陳慕溪　譯

O'REILLY®

目錄

前言

多年前，我們當中有些人談論到微服務是一個有趣的想法。接下來您會知道它已經成為全球數百家公司的預設使用的架構（甚至有許多公司可能是為了解決微服務所引起的問題而設立的新創公司），每個人都為了能跟上這波潮流汲汲營營，不然會擔心消失在地平線上。

我必須承擔部分責任。自 2015 年我就此主題撰寫了自己的書《建構微服務》（*https://oreil.ly/building-microservices-2e*）以來，我便一直與人們一同工作，以幫助他們瞭解這類型的架構。我一直在嘗試做的事情就是消除炒作並幫助公司決定微服務是否適合他們。許多我的客戶所面臨的挑戰即是如何將微服務架構套用在他們現有的「非微服務導向」系統上。在不停止所有其他工作的前提下，您要如何採用目前的系統並重建它呢？這正是本書的來源。更重要的是，我的目標乃是對於微服務架構相關的挑戰進行誠實的評估，並幫助瞭解這趟遷移之旅是否適合您。

您將學習到

本書旨在深入探討如何思考、執行，將現有系統分解為微服務架構。我們將會涉及諸多與該架構相關的主題，但重點是在事物的分解方面。想要獲得微服務架構的一般性指南，我前一本著作《建構微服務》會是一個不錯的起頭，事實上，我強烈建議您將它當作本書的姊妹書。

第 1 章概述了什麼是微服務，並進一步探討這類架構的思想。這個章節適合第一次接觸微服務的人，但我也強烈建議那些有經驗的人不要跳過本章。在技術浪潮中，感覺有一些微服務的重要核心概念經常會被遺忘：這也正是本書將要一遍又一遍討論的觀念。

認識微服務是好事，但是要如何知道它適不適合您是另一件事。在第 2 章裡，我將引導您逐步評估微服務是否適合您，也會提供非常重要的指示來指導您如何管理從單體式系統到微服務架構之間的過渡期。我們將介紹從區域驅動的設計到組織變革模型的所有內容，即使您決定不採用微服務架構，這些重要的基礎也將為您帶來良好的發展。

在第 3 章和第 4 章中，我們會更深入探討與分解整體式系統技術相關的方面，探索現實世界中的例子並提取遷移模式。第 3 章著重在應用程序分解層面，而第 4 章則深究資料問題。若您真心想要從單體式系統移動到微服務架構下，那麼將會需要將一些資料庫分解來看！

最終，第 5 章會介紹隨著微服務架構的發展，將面臨的各種挑戰。這些系統雖然可以帶來極大的好處，但同時也帶來許多從未面對的複雜度和問題。本章旨在幫助您發現這些問題，並解決與微服務相關之不斷增長的難題。

本書編排慣例

本書使用下列的編排規則：

斜體字（*Italic*）

> 表示新術語、URL、電子郵件地址、檔案名稱和副檔名。中文用楷體表示。

定寬字（`Constant width`）

> 用於程式清單以及在段落中引用程式元素，例如變數或函式名稱、資料庫、資料類型、環境變數、語句和關鍵字。

定寬粗體字（**`Constant width bold`**）

> 表示應由使用者逐字輸入的指令或其他文字。

定寬斜體字（`Constant width italic`）

> 表示該文字應由使用者提供的值所取代，或者由上下文去判定。

 這個圖案代表提示或建議。

 這個圖案代表註解。

這個圖案代表警告或注意。

致謝

如果沒有我美好的妻子 Lindy Stephens 的幫助和理解,本書不太可能完成。這本書是獻給她的。Lindy,很抱歉我常常在各種截止日來臨前表現得如此焦躁不安。另外我也要感謝 Gillman Staynes 家族的全力支持,很幸運能擁有如此偉大的家庭。

這本書要歸功於那些自願投入他們的時間和精力來閱讀各種草稿、並不吝提供寶貴見解的人。我特別想感謝 Chris O'Dell、Daniel Bryant、Pete Hodgson、Martin Fowler、Stefan Schrass 以及 Derek Hammer 他們在這方面貢獻的努力。此外還有許多人直接以不同方式對這本書作出貢獻,我也要感謝 Graham Tackley、Erik Doernenberg、Marcin Zasepa、Michael Feathers、Randy Shoup、Kief Morris、Peter Gillard-Moss、Matt Heath、Steve Freeman、Rene Lengwinat、Sarah Wells、Rhys Evans 以 及 Berke Sokhan。如果您在本書中有找到任何錯誤,那都是我的問題,與他們無關。

O'Reilly 團隊也提供了令人難以置信的支持,特別是我的編輯 Eleanor Bru、Alicia Young、Christopher Guzikowski、Mary Treseler 和 Rachel Roumeliotis。 我 還要感 謝 Helen Codling 和她遍布世界各地的同事們持續將我的書帶到各種會議上;Susan Conant 在充滿變化的出版界裡指引我使我保持理智;以及 Mike Loukides 最初讓我參與了 O'Reilly 團隊。我知道還有更多人在幕後付出,也很謝謝大家。

除了那些對本書作出直接貢獻的人外,我也想點出其他人,無論他們是否有意識到,都幫助了本書的誕生。我想要謝謝(無特別順序)Martin Kelppmann、Ben Stopford、Charity Majors、Alistair Cockburn、Gregor Hohpe、Bobby Woolf、Eric Evans、Larry Constantine、Leslie Lamport、Edward Yourdon、David Parnas、Mike Bland、David Woods、John Allspaw、Alberto Brandolini、Frederick Brooks、Cindy Sridharan、Dave Farley、Jez Humble、Gene Kim、James Lewis、Nicole Forsgren、Hector Garcia-Molina、Sheep & Cheese、Kenneth Salem、Adrian Colyer、Pat Helland、Kresten Thorup、Henrik Kniberg、Anders Ivarsson、Manuel Pais、Steve Smith、Bernd Rucker、Matthew Skelton、Alexis Richardson、James Governor 以及 Kane Stephens。

一如既往,我可能漏掉感謝那些對本書也有作出貢獻的人,我只能說很抱歉忘了提名感謝您,希望能得到您的諒解。

最後，有些人時不時問到我編寫本書所使用的工具，我使用的是 Visual Studio Code 和 João Pinto 的 AsciiDoc 插件，在 AsciiDoc 中撰寫。本書使用的是 O'Reilly 的 Atlas 系統，並且應用 Git 版本控制。我主要在筆記型電腦外接 Razer 鍵盤書寫，到了後期，還大量使用了運行 Working Copy 的 iPad Pro 來完成最後幾件事情。這讓我能邊旅遊邊書寫，也記得資料庫重建部分是在前往奧客尼群島的渡輪上所撰寫，由此產生的暈船完全是值得的。

足夠的微服務

> 「好吧，那很快地就要升級了，接著就發展到一發不可收拾的地步了！」
>
> ─Ron Burgrundy, *Anchorman*

在深入探討如何使用微服務之前，重要的是我們需要對微服務架構有共識。我想說明一些常見的誤解和容易被忽略的細微差異，您需要扎實的知識基礎才能充分利用本書其餘部分的內容。因此，本章將對微服務架構進行說明，簡要介紹其開發方式（這也意味著需要研究整體單體式系統），並探討使用微服務的一些優勢和挑戰。

什麼是微服務？

微服務泛指圍繞業務領域建模的可獨立部署之服務。它們透過網路彼此溝通，並且作為一個架構體系的選項，它也提供了許多您可能面臨到的問題之解決方案。因此，微服務架構是基於多個共同協作的微服務。

它們是一種服務導向架構（SOA），儘管人們對於應該如何劃分服務邊界有各自的見解，但獨立的可部署性是關鍵。微服務還具有與技術無關的優勢。

從技術角度來看，微服務透過一個或多個網路端點公開了封裝的業務功能。微服務透過這些網絡相互溝通，使它們成為分佈式系統的形式。它們還封裝資料存儲及檢索，並透過定義明確的介面來公開資料，所以資料庫是隱匿在服務邊界內。

有許多東西需要解壓縮來瞭解，因此就讓我們更深入一點地探究其中吧。

獨立部署

獨立部署是指我們可以在不使用到其他任何服務的情形下，變更至微服務並將其部署到生產環境中。更重要的是，這不僅僅是我們「可以」作到，而是它「實際上」就是您在系統中管理部署的方式。這是您在大部分版本中實踐的一個訓練，且這看似簡單的主意，執行起來卻很複雜。

 如果您在本書中只學到一件事，那應該是：確保您是接受微服務獨立部署性之概念。養成將單個微服務的變更發佈到生產環境中、且不需部署任何其他東西的習慣。如此，許多美好的事物將隨之而來。

為了保證獨立部署性，需要確認我們的服務是**鬆散耦合**的；換句話說，我們必須作到不更改其他任何內容即可變更一項服務。這意味著我們需要在服務之間建立清楚、定義明確且穩定的約定。某些實施項目就使這塊變得困難，例如共享資料庫就是個問題。對具有穩定介面的鬆散耦合服務的需求，引導我們首先思考如何找到服務邊界。

圍繞業務領域模式

跨程序邊界進行更改的成本是很高的，如果您需要對兩個服務進行變更以推出新功能，並編配這兩個變更的部署，比在單個服務（或稱作單體式系統）中進行相同的更改更費力。因此，我們想要找到一個能夠不經常性跨服務變更的方法。

遵循我在《建構微服務》書中所使用的相同方式，本書在無法提供真實案例的情況下，使用虛擬域名和公司來說明某些觀念。這間公司為大型跨國公司 Music Corp，儘管它幾乎以銷售 CD 為主體，但仍有其他營收來源。

我們已決定將 Music Corp 邁向第二十一世紀，並評估現有的系統架構。在圖 1-1 中，我們看到了一個簡易的三層架構。我們有一個基於網站的使用者介面，一個單體式後端形成的業務邏輯層，以及傳統資料庫中的資料存儲。這三層通常由不同的團隊所管理。

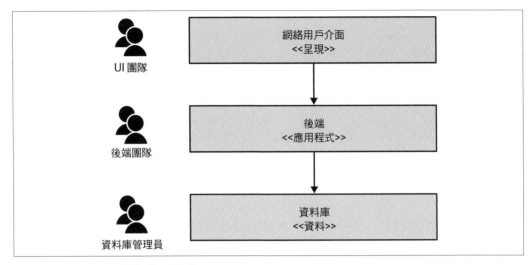

圖 1-1　Music Corp 傳統型三層架構

我們希望對功能進行簡單的變更：像是希望能夠讓客戶自定他們喜愛的音樂類型。而這個變更就需要我們更改使用者介面以顯示所有類型的選項，亦即後端服務需允許這些音樂類型項目顯示在使用者介面且是能夠編輯的，以及將此變更連動到資料庫。這些更改動作需要由每一個團隊依照正確的順序來管理部署，如圖 1-2 所示。

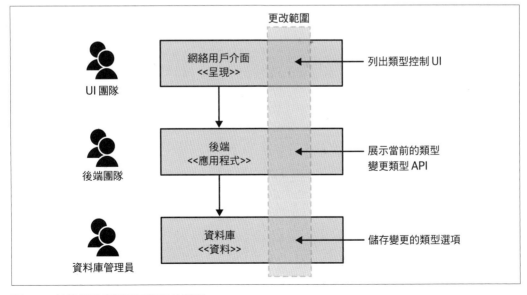

圖 1-2　較複雜的橫跨三層架構的變更

如今，這種架構還不差，所有的架構至終都會因應目標進行優化。三層架構之所以如此普遍，部分原因是它的通用性，且每個人都聽過。因此，選擇一個曾經在其他地方見過的架構也許是我們會不斷看到這種模式的原因之一。但是我認為，不斷看到該架構的最大原因是因為它基於我們組織的方式。

著名的康威定律

> 任何設計系統的組織⋯都將不可避免地產生以組織通訊架構為複本之設計。

> ——Melvin Conway, *How Do Committees Invent?*

三層體系架構是實際應用上一個很好的例子。過去 IT 企業將人員根據他們的核心能力來分組：資料庫管理員和其相關人員為一個團隊，Java 開發人員和其相關人員組成一個團隊，前端開發人員（他們現今知道 JavaScript 和本機行動應用程式開發）為另一個團隊。我們根據人員的核心能力進行分組，為此創建了與團隊一致的 IT 資產。

這也解釋了為什麼該架構會如此常見的原因。它只是針對分組力量優化——傳統上人們是按著熟悉程度來編組，但這股力量發生了變化，對軟體的追求也改變了。現今我們會將人員分成多技能團隊以減少之間的交手。我們希望能比以前更快速的發佈軟體，這驅使我們在組織團隊及如何將系統分解的方面上，做出不同的選擇。

功能上的變化主要指的就是業務功能方面上的變化，但是在圖 1-1 中，我們的業務功能實際上分佈在所有三層架構中，從而增加了跨層級功能變化的機會。這樣的架構具有相關技術的高內聚性，但是業務功能的內聚性低。如果我們想要使更改變得容易些，就需要變更訊息碼的分組方式，選擇業務功能的內聚性而非技術。每個服務最終可能包含或不包含這混合的三層架構，但這就是本地服務實現的關注點。

讓我們將上述所說的架構和圖 1-3 揭示的潛在性替代架構進行比較。在這裡有一個專門的客戶服務，提供一個公開的使用者介面予客戶更新他們的資訊，且客戶的狀態也會儲存在該服務中。最喜歡的類型的選項與指定的客戶相關聯，讓此更改更加本地化。圖 1-3 顯示了從目錄服務中獲取的可能已存在之可用類型列表，也看到另一個新的推薦服務正訪問客戶最喜愛的類型資訊，以便在後續的更新版本中輕易實現。

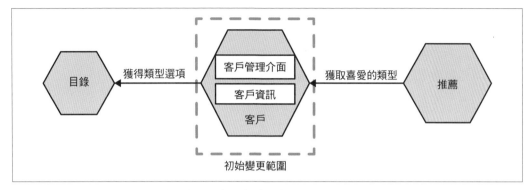

圖 1-3　專用的客戶服務可以容易的記錄客戶喜愛的音樂類型

在此種情形下，我們的客戶服務將三層中的每一層都封裝一個薄片——它具有 UI，邏輯應用程序和資料儲存——但這些層都封裝在單一服務中。

我們的業務領域成為推動系統架構的主力，期許使更改變得更容易，能更輕鬆地管理圍繞業務領域的團隊。這點非常重要，以致於在完成本章之前，我們將重新探訪圍繞領域建模軟體的觀念，因此我可以就圍繞領域驅動的設計分享一些想法，這些想法將影響對微服務架構的看法。

自身擁有的資料

我看到人們感到最困難的事情之一是微服務不應該共享資料庫的想法。如果一個服務想要存取由另外一個服務擁有的資料，它應該要向該服務詢問。這使得服務有能力去決定要共享或隱藏哪些資料，也能讓服務從內部實現細節（可能由於各種原因變化）對應到更穩定的公共契約，以確保穩定的服務介面。如果我們期望達到獨立部署，則服務之間介面的穩定性顯得至關重要。如果服務公開的介面不斷改變，這會產生連鎖反應進而導致其他服務也需更動。

除非需要，否則不要共享資料庫，甚至要盡可能地避免這樣作。如果您要達成獨立部署，在我看來，共享資料庫會是最糟糕的事情之一。

如同前一章節討論到的，我們希望將服務視為端到端的業務功能，在適當的地方封裝 UI、應用程序邏輯和資料存儲，這是因為我們希望減少變更和業務相關功能所需的精力。以這種方式對資料和行為進行封裝能帶來業務功能的高內聚性。透過隱藏支援我們服務的資料庫還可以確保減少耦合的發生，後面會再回來討論關於耦合與內聚。

這很難做到，尤其當您擁有一個現成且具有龐大資料庫的單體式系統時，就必須加以處理。很幸運地，第 4 章整章會說到擺脫單體式資料庫。

微服務帶來的好處？

微服務帶來的好處是多且廣的。部署的獨立性為改善系統規模及強健性開闢了新模式允許混合搭配技術。由於服務能並行運作，因此您可以讓多個開發人員擔負一個問題而不使他們之間相互干擾。如此可以使開發人員更簡易地理解他們在系統中負責的部分，他們也僅需要將注意力集中在其中的一部分。流程隔離還使我們能夠改變所作出的技術選擇，或許可以混合使用不同的程式語言、程式樣式、部署平台或資料庫來找出正確的組合。

也許最重要的是微服務架構帶來的靈活性，為將來解決問題提供更多選擇。

但是請務必注意這些好處不是理所當然的。系統分解有很多種方法，從根本上來講，您嘗試達成的目標使分解朝不同的方向前進。因此，瞭解您試圖從微服務架構獲得什麼變得很重要。

遇到的問題？

服務導向架構之所以成為一個問題，部分原因為計算機變得較便宜因此擁有的就更多了。比起在單一巨大的大型機上部署，更合理的是使用多個便宜計算機。服務導向架構試圖以最好的方法建構出跨多台計算機的應用程序。主要的挑戰項目之一在於計算機之間的相互通訊方式：網路。

計算機之間的網路通訊不是即時的（顯然與物理學有關）。這意味著我們需要在意訊號的延遲性，尤其是那遠遠超過我們在本地所見過以及運作過程中的延遲。這在某些情況會變得更糟，例如延遲產生變化導致系統行為變得難以預測。我們也必須解決以下事實：網路有時會異常，像是封包丟失或斷開的網路電纜。

這些挑戰使得像交易這種單進程之單體式系統的活動變得更加困難；事實上隨著系統複雜性的增加，您將不得不放棄交易及其安全性，然後以其他種類的技術（不幸的是這些技術的取捨大相逕庭）換取回報。

有時會遇到令人頭疼的事件，像是處理任何的網路呼叫失敗、您正在交談的服務沒來由的離線或者是行為開始變得異常。除了上述說的之外，也需要試著找出如何在多台計算機上獲取一致的資料視圖。

當然，我們也要考慮到大量的微服務友好型新技術，萬一使用不當，新技術反而會讓您以更快速、有趣及昂貴的方式出差錯。說實話，微服務除了有它的好處之外，也可能是個可怕的點子。

值得注意的是我們所歸納為「單體式系統」的都是分散式系統。單進程應用程序可能會讀取運行在另一台計算機的資料庫資料，然後將資料呈現到網頁瀏覽器，從此可見至少有三台計算機在這裡，且它們之間是透過網路通訊；與微服務架構相比之下，差異處在於單體式系統的分散程度。當更多的計算機透過網路進行通訊時，就越可能遇到與分散式系統相關且令人討厭的問題。我簡要討論的這些問題可能起初不會出現，但隨著時間和系統的發展，您可能就會遇到絕大多數甚至是全部。

如同我的一位老同事、朋友、微服務專家——James Lewis 所說的「微服務為您購買選擇」。James 不停的思考自己說的那句話——它們為您**購買選擇**。這的確有成本產生，而您要確認的是該選擇是否值得所花費的成本。這部分我們將會在第 2 章有更詳細地探討。

使用者介面

我經常看到的是人們的工作重點僅將微服務應用在伺服器端，讓使用者介面仍為單進程單體式。如果想要能更輕鬆迅速得部署新功能的架構體系，則單體式的使用者介面可能會是一大錯誤。我們可以也應該考慮分散使用者介面，這將會在第 3 章中進行探討。

技術

用一整套新技術來搭配閃亮的新微服務架構可能很誘人，但是我會強烈建議您不要掉入這陷阱。引用任何的新技術都會消耗成本，甚至會產生劇變。希望這些花費是值得的（當然，如果是選擇正確的技術！），但是當初次採用微服務架構時，已經足夠您承受了。

釐清如何正確地發展和管理微服務架構涉及解決與分散式系統相關的眾多挑戰，而這些挑戰可能是前所未見的。我認為，當遇到問題時應即時處理，善用熟悉的技術堆疊，然後考慮是否要變更現有的技術來幫助解決問題，也將更為有用。

正如我們先前談論到的，微服務本質上與技術關係不大，只要服務可以透過網路相互通訊，其他東西都可以隨意擷取。這可說是一項巨大的優勢 —— 允許您隨意混合搭配技術堆疊。

您不必使用 Kubernetes、Docker、軟體容器或雲端，也不必在 Go、Rust 或其他任何語言中進行編碼；實際上，在微服務架構的領域中用何種語言編碼相當不重要，除了某些程式語言具有豐富的內建函式庫和框架以外。假如您很擅長 PHP，那麼請開始以 PHP[1] 來建構服務！某些技術堆疊的技術勢利太多了，這些技術堆疊很不幸地可能會輕視使用特定工具的人[2]。不要成為問題的一部分，選擇適合您的方法，在遇到問題時進行改變以解決問題。

大小

「微服務應該要多大？」大概是我遇過最常見的問題。顧名思義，「微」這個字在這裡不足為奇；但是當您認識到微服務是以一種架構方式運作時，大小的關念實際上是最不有趣的事情之一。

如何測量大小呢？根據程式碼多少行嗎？對我來說那沒有多大意義。某事情用 Java 編碼可能需要 25 行程式碼，但用 Clojure 也許 10 行就完成了。這並不是說 Clojure 比 Java 好或差，就只是有些語言具有較好的表達力罷了。

就微服務「大小」的方面來說，我認為最接近、具有意義的一句話是一位微服務專家 Chris Richardson 曾說的「微服務的目標是具有『盡可能小的介面』。」這與信息隱藏的概念很相似（我們將在稍後討論），但背後的確代表著尋找意義的嘗試，當我們第一次談論到這些東西時，至少最初主要關注的是很容易替換的這些事物。

---

1 關於此主題的更多資訊，我推薦由 Lorna Jane Mitchell 撰寫的《*PHP 網路服務*》（O'Reilly）。

2 在閱讀 Aurynn Shaw 的一篇部落格文章「Contempt Culture」（*http://bit.ly/2oeICgL*）後，我意識到過去我曾對不同的技術以及所延伸的周圍社群因表現出輕視的態度而感到內疚。

「大小」的概念滿取決於上下文的。曾與一位在系統領域上有長達十五年工作經驗的人交談，他們認為十萬行的程式碼是很容易理解的；但對於案子相關的新成員來說，他們可能會覺得多到難懂。同樣地，詢問一間剛著手於遷移至微服務的公司（也許減少了十個微服務），和一間相似規模但多年以來一直有許多微服務的公司（現今可能數百個），您將會得到不同的答案。

我勸告大家不要擔心大小的問題，剛開始時更重要的是要注意兩個關鍵：首先，您可以處理多少個微服務？隨著服務變多，系統也會變得更複雜，您就需要去學習新技能（或者是採用新的技術）來化解，因此我大力倡導逐步遷移至微服務架構。其次，要如何定義微服務邊界，以及在不把事情搞得一團糟的前提下要如何充分利用它們？ 這部分將會在本章後段介紹。

「微服務」一詞的由來

追溯到 2011 年，當我還在一家名為 ThoughtWorks 的諮詢公司工作時，我的朋友兼同事 James Lewis 就對他所謂的「微型應用程式」非常感興趣。他發現這種模式已經為一些使用服務導向之架構的公司所採用，他們正在優化此架構以易於替換服務。有些遇到問題的公司對快速部署特定功能感興趣，但他們認為若有需要擴展所有功能的時候，在其他的技術堆疊中是可以被重寫的。

在當時浮現的想法是這些服務的範圍有多小，可能其中有些服務在幾天內被編寫（或重寫）；James 接著說道「服務不應該比我頭腦還大」。這個關於功能範圍的想法易於理解也易於改變。

後來在 2012 年，James 在一場架構的高峰會議上分享了這些想法，我們部分的人也在場。在那場會議上，我們討論後發現到這些東西並不是獨立的應用程序，所以用「微型應用程式」來表達不夠貼切；相反地，「微服務」聽起來似乎更合適[3]。

---

[3] 我不記得我們第一次真正寫下這個詞是什麼時候了，但我努力回顧了一下當初在考量到所有的邏輯與語法下，我堅持這個詞不應該使用連字號。事後看來，儘管難以辯解但我很堅持。我堅持了看似不合理卻最終贏得勝利的選擇。

所有權

透過圍繞業務領域模式的微服務，我們能夠在 IT 產物（可獨立部署的微服務）與業務領域之間看到一致性。當我們考慮打破「業務」和「IT」之間的鴻溝對技術公司做出轉變之時，引起了廣大的共鳴。在傳統的 IT 組織中，軟體開發的行為通常非由業務部門負責，實際上主要聯繫客戶並定義需求乃是由業務部門負責，如圖 1-4 所示。但這類組織架構所衍生出來的問題繁多，在此就不多加敘述了。

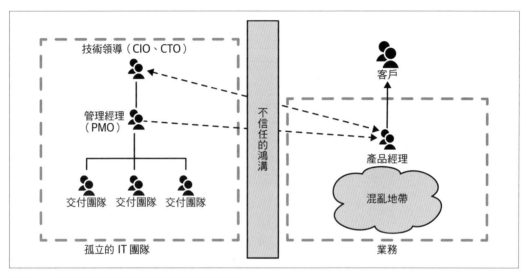

圖 1-4　傳統 IT 和公司業務間鴻溝的組織觀點

我們反而看見正統的科技公司實際上是把前面提到不同的孤立團隊結合在一起，如圖 1-5 所示。產品經理人直接擔負交付團隊的工作，這些團隊一致地面對客戶產品線，而不是隨意的技術分組。集中式 IT 功能雖還不是常態，但他們的存在都是為了支持這些以客戶為中心的交付團隊。

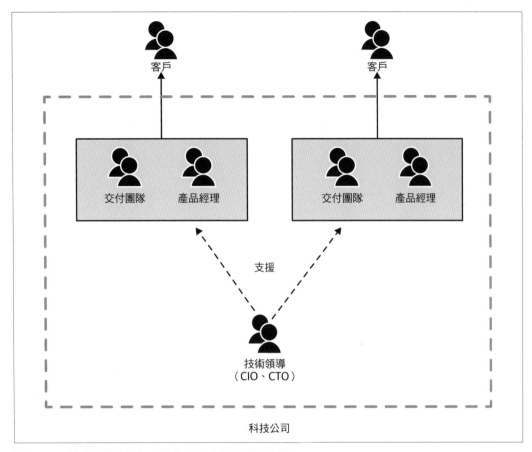

圖 1-5　正統的技術公司如何整合軟體交付團隊的範例

雖然不是所有組織都做了這項轉變，但是微服務架構使改變更加容易。如果您希望交付團隊圍繞產品線進行調整，而服務圍繞業務領域來調整，就明確分配所有權給這些產品導向的交付團隊。

單體式系統

我們已經講完微服務了，但是本書主要是說明從單體式系統遷移到微服務，因此我們還需要瞭解單體式系統這詞的含義。

在這本書裡當談論到單體式系統時，我主要是指部署單元。當系統上的所有功能必須一起部署時，我們將其視為單體式系統。至少有三種類型的單體式系統符合要求：單一程序系統、分散式單體系統以及第三方黑盒子系統。

單一程序的單體式系統

當討論到單體式系統時，最容易讓人想到的範例如圖 1-6 所示，即所有程式碼皆是以**單一程序**部署成的系統。考量到系統的強健性和擴展性您可能會有多個類似程序，但事實是所有的程式碼都被包到單一程序裡了。這些單體式系統本身實際上就是簡單的分散式系統，因為它們幾乎總是結束於從資料庫讀取或寫入資料。

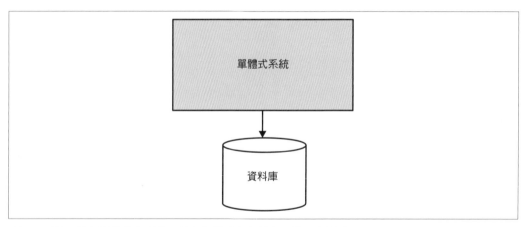

圖 1-6　單一程序的單體式系統：所有的程式碼都被包到單一程序中

這些單體式系統可能就是我所見過的人他們所苦苦掙扎的系統，也因此我們將會把大部分的時間花在此上。從現在開始，當我講到「單體式」一詞時，除非特別說明，否則就是指這類的單體式系統。

模組化單體式

模組化單體式是作為單程序單體式系統的子集合的一個變體:單一程序由個別的模組組成,每個模組都能獨立運作,但為了部署仍需集結起來,如圖 1-7 所示。將軟體分解為模組的概念並不新奇,本章節後段會再回來看有關這方面的一些歷史。

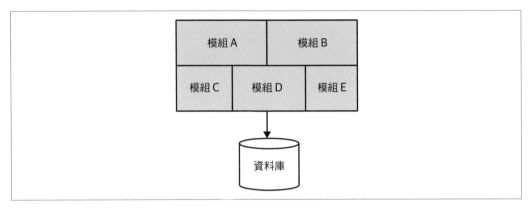

圖 1-7　模組化單體式:程序中的程式碼被分解到模組裡

對於許多組織機構來說,模組化單體式會是個絕佳的選擇。如果模組的邊界定義得宜,它能促進高度的平行運作,還可以避免分散式微服務架構面臨的挑戰以及簡易的部署問題。Shopify 公司即為一個很好的例子,它即是使用此技術來代替微服務分解,且效果似乎很不錯[4]。

如果將來要將單體式系統拉出,模組化單體式可能會面臨的重大挑戰之一即為資料庫缺乏了程式碼級別所採用的分解技術。我已經見過一些團隊試圖進一步推動模組化單體式的想法,使資料庫照著與之相同的方式進行分解,如圖 1-8 所示。即便如此,就算只剩下程式碼,對現有的單體式系統進行改變仍然具有相當的挑戰性;或是若您想要自我嘗試做出類似的改變,第 4 章探討的一些模型或許能提供幫助。

4　關於 Shopify 公司使用模組化單體式系統取代微服務其背後的思想,Kirsten Westeinde 在 YouTube 上的演講(*http://bit.ly/2oauZ29*)提供獨特的見解。

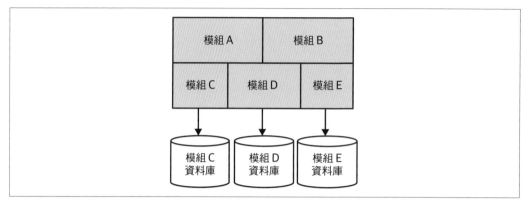

圖 1-8　具有分解資料庫的模組化單體式系統

分散式單體系統

「分散式單體系統是一種計算機存在著未察覺到的故障，可能會導致您的計算機無法使用的系統[5]。」

—Leslie Lamport

分散式單體系統是由多個服務所組成，不管是為了什麼緣故都必須將整個系統部署一起。分散式單體系統可以說是蠻符合服務導向架構的定義，但往往無法兌現 SOA（服務導向架構）的承諾。以我的經驗來說，分散式單體系統集結了所有分散式及單一程序單體式系統的缺點，且沒什麼足夠的進步空間。我曾在工作中遇到分散式單體系統，這在很大的程度上影響了我對微服務架構的興趣。

分散式單體系統通常出現在一個，缺乏注意力於資訊隱藏和業務功能內聚性之類概念的環境，因而造成高度耦合架構；在這些架構中看似無害的變更服務邊界之舉動，實則可能破壞了本機系統的其他部分。

5　於 1987 年 5 月 28 日 12:23:29 PDT，一封寄給 DEC SRC 之公告欄的電子郵件（更多資訊請參考 *https://www.microsoft.com/en-us/research/publication/distribution/*）。

第三方黑盒子系統

我們可以將某些第三方軟體視為，欲在遷移工作中對其「分解」的單體式系統。其中可能包括薪資系統、客戶關係管理系統以及人力資源系統。它們的共同特徵是這些軟體是由他人所開發的，您沒有權限更改程式碼。它可能是在自己的基礎架構下部署的軟體，也可能是一個目前正在使用的軟體即服務（SaaS）產品。即便您無法更改底層的程式碼，也能使用到接下來在本書中討論的分解技術。

單體式系統的挑戰

無論是單一程序或分散式的單體式系統，通常較容易受到耦合風險的影響，特別是在實施和部署耦合上，這部分稍後會討論到。

當越來越多人在同一個地方工作時，他們就會開始互相妨礙。不同的開發人員想要更改同一段的程式碼，不同團隊希望在不一樣的時間（或延遲部署）來發布功能，常會有誰負責什麼和誰下決定的困惑。多數研究表明了所有權[6]模糊界線的挑戰，我將此問題稱為**交付爭議**。

擁有單體式系統並不代表您就一定會遇到交付爭議的挑戰；但擁有微服務架構意味著您將永遠不會面臨此問題。微服務架構確實為您在系統中提供了更具體的所有權界線範圍，從而減少此問題並加大了靈活性。

單體式系統的優點

單體式系統也具有許多優點。它的簡易部署拓樸可以避免許多與分散式系統相關的陷阱，以簡化開發流程、監控、疑難排解及端到端測試之類的活動。

單體式系統也可以簡化內部的程式碼重用。如果要在分散式系統中重複使用程式碼，我們必須決定是否要複製、分解函式庫或是將共享功能推入服務中。然而有了單體式系統，這一切選項都變得簡單了且廣受人們喜愛——所有程式碼都在那裡，盡情享用吧！

---

[6] 我推薦 Microsoft Research 在這個領域所做的所有相關研究。建議可以 Christian Bird 等人的「Don't Touch My Code! Examining the Effects of Ownership on Software Quality」作為起點去了解（*http://bit.ly/ 2p5RlT1*）。

很不幸的是，人們將單體式系統視為應避免的對象，這是長久以來固有的問題。我曾遇過許多人，他們認為**單體式系統**是傳統模式的同義詞，這是有問題的。單體式系統架構是一種有效的選擇。雖並非在所有情況下都是正確的選擇，但它仍是一種選項。如果我們陷入了系統性破壞單體式的陷阱，以此為可行的方式去發佈軟體，那麼我們會有使軟體用戶或是我們自己無法正確執行操作的風險。我們將在第 3 章進一步探討單體式系統和微服務之間的權衡，以及能幫助您評估適合自身情況的工具。

耦合與內聚

當要定義微服務邊界時，很重要的一點是需要了解耦合與內聚之間的平衡力。**耦合**是說明要更改一個東西時需要改變另一個；**內聚**則是說明如何分類相關的程式碼。這些觀念彼此相連，而 Constantine 定律將此關係闡述得當：

> 「如果內聚性高而耦合度低，那此結構是穩定的。」
>
> —Larry Constantine

這句話似乎是很貼切的觀察，假如有兩段關係緊密的程式碼，內聚性因為相關的功能分布在兩段程式碼中而顯得較低；但它們也有緊耦合，因為當相關的程式碼更動時，這兩者皆需變更。

如果程式碼系統的結構產生變化，處理起來會是一筆昂貴的費用，因此變更橫跨了分散式系統中的服務邊界。必須在一個或多個可獨立部署的服務上進行更改，這也許在應對由服務契約變更衍生的影響上，是一大阻力。

單體式系統的問題在於這兩者經常是相反的。並非傾向於內聚性，而是趨向耦合，獲取各種無相關的程式碼並將欲變更的部分緊連在一起。同樣地，鬆散耦合並不存在：要對一行程式碼進行更改可能很容易，但是要部署此更改且不影響單體式系統中的其餘部分似乎不太可能，因此我必須重新部署整個系統。

另外，系統穩定性也是需要的，因為我們的目標是盡可能套用獨立部署的概念；也就是說，我們期望以**無須做任何其他更改**的方式來將變更過的服務部署到生產中。為此，我們需要的是所使用的服務之穩定性，及為使用我們服務的提供穩定契約。

關於這些術語的大量信息，我在這裡過多重複說明會顯得有點愚蠢，但我認為應該要總結一下，尤其要將這些想法放到微服務架構的內文中。最後要提的是內聚和耦合的觀念會深深影響我們對微服務架構的想法。不足為奇的是內聚和耦合是模組化軟體的關鍵，除了透過網路通訊且可獨立部署的模組以外，微服務架構還可以是什麼？

> ### 內聚與耦合的簡歷
>
> 內聚與耦合的概念在計算領域已經存在很長時間了，最初是由 Larry Constantine 在 1968 年所提出。此雙重的耦合與內聚觀念後來成了如何編寫計算機程式的基礎。像是由 Larry Constantine 和 Edward Yourdon（Prentice Hall, 1979）合著的書籍《*Structured Design*》隨後影響了好幾代的程式設計員（這是我大學時期必讀的書，距離首次出版已將近 20 年）。
>
> Larry 於 1968 年（對計算機來說是特別吉祥的一年）在全國模組化編程研討會上初次概述他對內聚與耦合的概念，該會議亦為康威法則此名首次誕生的會議。同一年，還有兩場由惡名昭彰的 NATO 贊助的會議，在期間軟體工程的概念也得到重視（此術語以前由 Margaret H. Hamilton 所創造）。

內聚

我聽過用來描述內聚性最簡潔的定義之一是：「程式碼同變動，共存留。」對我們而言這是一個非常好的定義。如同先前討論到的，我們正努力做到簡單改變業務功能以優化微服務架構——所以我們希望將功能分類，盡可能地縮小更改範圍。

假設今天我想要更改銷貨單批准的管理方式，我不需要跨多重服務將其列出來，然後去協調並發佈更新的服務以推出新功能；相反地，我僅需要確保涉及到的相關服務並對其修改，以降低變動成本。

耦合

「就像節食一樣，資訊隱藏說的比做的容易。」

—David Parnas，*The Secret History Of Information Hiding*

我們喜歡內聚但對其很謹慎。「耦合」的事物越多，需要一起改變的也越多。不過有不同形態的耦合，而每種類型可能需要不同的解決方案。

當提到要對耦合類型進行分類時，可利用許多現有的技術，其中最著名的是由 Meyer，Yourdan 以及 Constantine 所作的。在此提出我的觀點但不是要否定以前的工作，這個分類法在幫助人們理解與分散式系統耦合相關的方面有莫大的幫助。因此它不是要對不同類型的耦合進行詳盡分類。

資訊隱藏

耦合的討論中反覆出現的概念就是稱為**資訊隱藏**的技術。這個概念最早是由 David Parnas 於 1971 年，在研究要如何定義模組邊界[7]時提出的。

資訊隱藏的核心概念是將經常性變更的部分程式碼與靜態的分開。我們希望有穩定的模組邊界，所以應該要把模組中預期會經常變更的部分隱藏起來。這個理念是基於保持模組相容性的前提下，可以安全地進行內部變更。

就我個人而言，我採用的是盡量不公開模組（或微服務）邊界的方法。一旦有些東西成為模組介面的一部分，之後就很難回頭了。不過如果現在先隱藏它，之後可以隨時決定共享與否。

封裝作為物件導向（OO）的軟體中的概念是相關的，但是根據您接受的定義不同而不盡相同。OO 編碼中的封裝指的是將一或多項事物一起綁到容器中——類別同時包含區域和作用於其上的方法。然後您可以在類別定義中的可見性來隱藏其中某些部分。

若想要探索更多資訊隱藏的歷史，我推薦 Parnas 的《The Secret History of Information Hiding》[8]。

實現耦合

實現耦合是我見過最有害的耦合形式，但很慶幸的是，對我們而言它是輕易削減的一種。在實現耦合中，A 與 B 在實現方式上是耦合的——當 B 的實現發生改變時，A 也會跟著變。

這裡的問題點是，實現細節通常是開發人員的隨意選項。解決問題的方式有許多種，我們今天選擇了一項，但之後也許會改變心意。當我們決定改變心意時，我們不希望會影響到消費者（還記得獨立的部署性嗎？）

7　儘管經常以 1972 年 Parnas 著名的論文「On the Criteria to be Used in Decomposing Systems into Modules」作為來源，但他在 1971 年第 71 期的 IFIP 大會上，首次在「Information Distributions Aspects of Design Methodology」分享了這個概念。

8　請參閱 Parnas 及 David 所著的《The Secret History of Information Hiding》，*Software Pioneers* 出版，M. Broy 和 E. Denert 編輯（Berlin Heidelberg: Springer, 2002）。

實現耦合的經典及常見的案例形式是共享資料庫。在圖 1-9 中,「訂購服務」內含所有置入系統的訂購紀錄;「推薦服務」則根據消費者的歷史購買紀錄來推薦他們可能會想要買的東西,而「推薦服務」可以直接從資料庫存取資料。

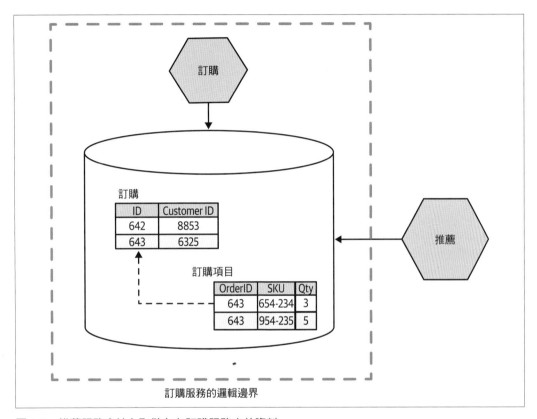

圖 1-9　推薦服務直接存取儲存在訂購服務中的資料

推薦服務需要知道哪些訂購已被置入,以某種程度來說,這是不可避免的域耦合,我們將在稍後討論。但在此特殊情形下,我們要耦合到特定的模式結構、SQL 語言,甚至是行的內容。如果「訂購服務」更改了某一欄位的名稱,將「客戶訂購」資料表拆開或是其他動作,理論上該服務仍然含有訂購訊息,但我們將會改變「推薦服務」取得此訊息的方式。更好的選擇是隱藏實現細節,如圖 1-10 所示,讓「推薦服務」透過呼叫 API 的方式來存取需要的資料。

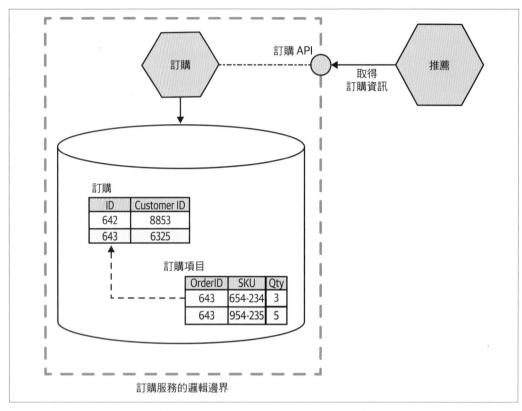

圖 1-10　推薦服務透過 API 的方式來存取訂購資訊以隱藏內部的實現細節

我們還可以讓「訂購服務」以資料庫的形式發佈資料集，用來讓消費者進行批量存取，如圖 1-11 所示。只要「訂購服務」可以相應地發佈資料，任何服務內部的更改對於消費者來說都是不可見的，因為它維護公共合約。這也為公開給客戶的資料模型提供了改善的機會，將根據他們的需求來調整。我們將會在第 3 和 4 章更詳盡探討。

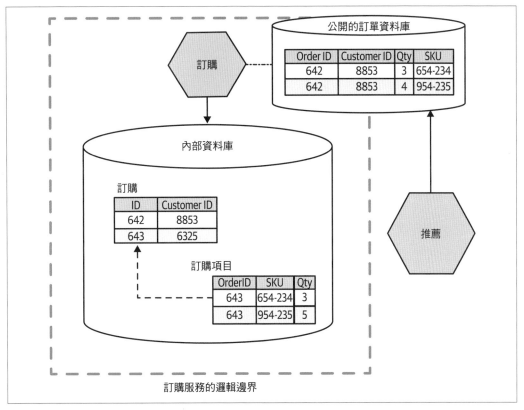

圖 1-11 推薦服務透過外部公開的資料庫（和內部的資料庫結構不同）來存取訂購資訊

上述兩個示例中，顯而易見的是都使用資訊隱藏。將資料庫隱藏在定義良好的服務介面背後的行為使得服務可以限制欲公開的內容範圍，並且可以讓我們決定資料的呈現方式。

定義服務介面的一個有用技巧是使用「由外而內」的思維，驅動服務介面先從服務客戶的角度考慮事物，接著實現服務合約。另一種方法（不幸的是我察覺到很普遍的方法）是採取相反的方式，即服務團隊使用資料模型，或是另一個內部實現細節，然後再考慮公開給外界。

以「由外而內」的思維來說，您會先問「我的服務消費者需求為何？」。我的意思不是問您 **自己** 他們需要什麼，而是問真正會呼叫您的服務的對象。

將微服務公開的介面視為使用者介面，使用由外而內的方式設計介面來與
會呼叫您服務的對象合作。

將與外界的服務合約視為使用者介面，在設計介面時，詢問使用者需要什麼，並與之一
起設計，並依相同的方式制訂合約。這意味著最終您將獲得讓消費者更易於使用的服務
之外，還有助於使外部合約與內部實現之間保持距離。

時間耦合

時間耦合主要是運行時的關注點，通常是分佈式環境中同步呼叫的主要挑戰之一。當
信息傳送時，如何及時處理即稱為具有時間耦合，可能聽起來有些奇怪，所以我們以圖
1-12 中的一個清楚示例來說明。

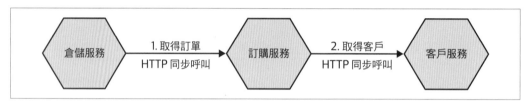

圖 1-12　三個服務利用同步呼叫呈現時間耦合

這裡我們看到從倉儲服務到下游端的訂購服務之間的 HTTP 同步呼叫，以取得關於訂單
的所需資訊。為了滿足此需求，訂購服務也需要透過 HTTP 呼叫方式從客戶服務中取得
資訊。為了完成整體操作，需要改善倉儲服務、訂購及客戶服務並與之聯繫，它們就是
時間耦合的。

我們可以透過許多方式以減少此問題，例如考慮使用快取。假如訂購服務從客戶服務快
取所需的資訊，在某些情況下，訂購服務就能避免與下游服務間的時間耦合。我們還可
以使用異步傳輸來發送請求，類似訊息仲介者。當訊息送達下游服務時，可以待服務空
閒時再處理該訊息。

本書並無包含關於服務對服務通訊的類型之完整討論，但在《建構微服務》中的第 4 章
有詳細的介紹。

部署耦合

試想在一個由多重靜態鏈接的模組組成的單一程序裡，對某模組中的一行程式碼進行修改，然後希望套用此更改。為此，我們必須部署整個單體式系統，包含那些未經更改的模組也必須一起部署，所以就有了**部署耦合**。

如同靜態鏈接過程的示例一樣，部署耦合可以強制執行，也可以由發佈訓練之類的方式驅動。透過發佈訓練，可以重複預訂發佈計劃。當要發行時，將會部署前一發行版本後所作的更改。對一些人而言，發佈訓練可能是有用的技術，但我強烈希望將其視為按適當需求發佈技術的轉移時期，而非最終目標。在我曾經工作過的公司中，他們會在發佈訓練流程中一次性將所有服務部署到系統中，無須考慮要更改哪些服務。

部署總是帶來風險，在眾多降低風險的方法中，有一種是僅變更需要更改的內容。如果我們可以減少部署耦合（也許透過可將較大程序分解為可獨立部署的微服務），則可以減少部署範圍來降低每次部署的風險。

較小的變動量可以降低風險，減少出錯。倘若真的發生問題，也比較容易找出原因及解決辦法，因為變動的範圍小。尋找縮小變動量的方法是持續交付的核心要領，支持快速回饋和「按需求釋放」[9]方法的重要性。變動範圍越小，推出就越安全也越容易，也能獲得越快速的回應。我對微服務的興趣來自以前對持續交付的關注，也一直在尋找使持續交付更容易採用的架構體系。

當然，減少部署耦合並不需要微服務，像 Erlang 的運行模組允許新版本的模組熱部署到運行中的程序。最終，也許有更多的人會使用我們日常用到的技術堆疊中這類的功能[10]。

領域耦合

根本上說來，在一個由多個獨立服務組成的系統中，參與者之間都必須互相往來。在微服務架構中，服務間在實際領域中的相互作用，其結果為**領域耦合**。如果要下訂單，需要知道消費者購物車裡的品項；如果要送貨，需要知道地址。在微服務架構裡，這些訊息依據定義可能包含在不同的服務中。

9　更多資訊可以參閱 Jez Humble 和 David Farley 所著的《Continuous Delivery 中文版：利用自動化的建置、測試與部署完美創造出可信賴的軟體發佈》（Upper Saddle River: Addison Wesley, 2010）。

10　Greenspun 的第 10 條規則指出：「任何足夠複雜的 C 或 Fortran 語言都包含了一半的 Common Lisp 之臨時性、非正式性、臭蟲纏身及緩慢實現。」這變成了一個我認為很有道理的新笑話：「每個微服務架構都包含半破碎的 Erlang 實現。」

以 Music Corp 來舉一個具體的例子。有一個儲存貨物的倉儲，消費者完成 CD 訂單後，倉儲人員需要了解要挑選、包裝哪些物品以及它們的送貨地址。所以，訂單資訊也就需要和倉儲人員共享。

圖 1-13 顯示如下範例：訂購處理服務將訂單所有細節傳送到倉儲服務，接著倉儲服務觸發待包裝的項目。在這部分的運作中，倉儲服務利用客戶 ID 從單獨的客戶服務中獲取相關訊息，以便我們知道如何在發出訂單後通知他們。

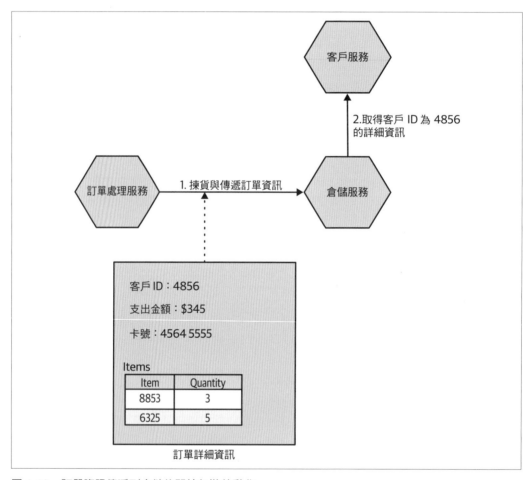

圖 1-13　訂單資訊傳遞到倉儲後開始包裝的動作

在此案例中，我們將所有訂單資訊和倉儲分享，這聽起來不太合理，因為倉儲服務僅需要知道該包裝的項目及每個包裹要送的地點，他們並不需要知道物品的成本（如果包裹內需附發票，大可事先寄 PDF 檔給他們）；而我們也可能因為共享資訊範圍太廣，遇到控制訊息方面的問題，例如暴露了信用卡詳細資訊給不必要的服務。

因此，我們可能會提出一個新的「揀貨指令」概念，只需包含倉儲服務需要的資訊，如圖 1-14 為另一個資訊隱藏的範例。

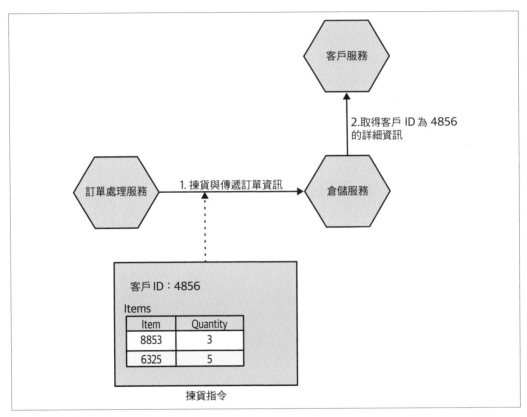

圖 1-14　使用揀貨指令縮小傳遞給倉儲服務資訊的範圍

移除對倉儲服務的需求可以進一步減少耦合，甚至不需要了解客戶；我們可以透過「揀貨指令」提供適當的細節，如圖 1-15 所示。

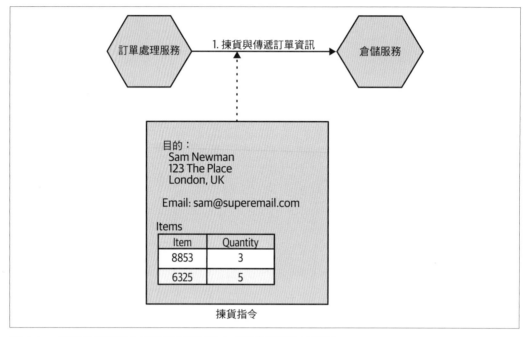

圖 1-15　將更多資訊置入揀貨指令可以避免呼叫客戶服務的需要

要使這方法有功能，可能意味著訂單處理服務需要在某個時間點存取客戶服務才能生成揀貨指令，但是訂單處理服務可能出於別的原因仍需要存取客戶資訊，所以這應該不是什麼大問題。「發送」揀貨指令意思就是從訂單處理服務發出一個 API 呼叫給倉儲服務。

另一個可行的方法是讓訂單處理服務發出某種倉儲服務會使用的事件，如圖 1-16 所示。透過發送事件，我們能有效地翻轉依賴關係，從訂單處理服務依賴倉儲服務（以確保訂單發送）變成倉儲服務聽從訂單處理服務發出的事件。兩種方法各有優點，要選擇哪種方法取決於能否廣泛理解訂單處理服務邏輯和封裝功能之間的相互作用，這是某種領域模型可以幫忙的，也是我們接下來會探討的。

基本上，倉儲服務需要關於訂單的訊息才能執行任何工作，我們無法避免這種程度的領域耦合。但如果仔細思考要如何共享這些概念，仍然可以降低領域耦合的使用程度。

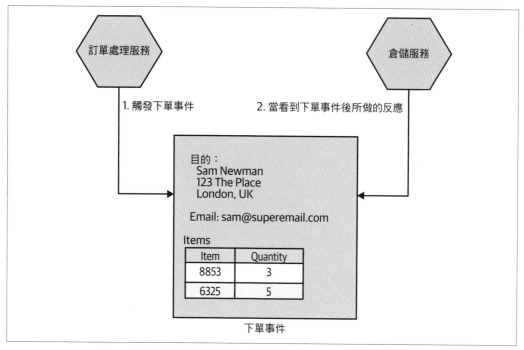

圖 1-16 觸發一個倉儲服務能接收的事件，其中僅包含足夠的資訊以便對訂單進行包裝與配送

足夠的領域驅動設計

正如前面說過的，圍繞業務領域模式的服務對於微服務架構有著顯著的優勢，問題是該如何產生此模型，這也正是領域驅動設計（DDD）出現的原因。

讓我們的程序能更好地代表現實世界之期望（在現實世界裡程序本身會自己運作）不是一件新奇的事。開發諸如 Simula 之類的程式語言為要使我們能對現實領域進行建模，但要使這個想法孕育成形，不僅需要程式語言的功能。

Eric Evans 的《領域驅動設計》[11] 一書中提出一系列重要的思想，來幫助我們在程式語言中更好的表示問題領域。此主題的全面討論不在本書範圍內，但我會簡述關於考慮微服務架構時最重要的想法。

---

11 Eric Evans《領域驅動設計：軟體核心複雜度的解決方案》（Boston: Addison-Wesley, 2004）。

匯總

在 DDD 中，匯總有許多不同定義，是一個令人困惑的概念。它僅是物件的任意集合嗎？應該是從資料庫中取出的最小單位？對我而言一直適用的模型是，先考慮將匯總當作真實領域模型觀念的表示，例如訂單、銷貨單、庫存項目等等。匯總通常具有生命週期，以狀態機的形式實現出來，我們將其視為獨立的單元，並要確保處理匯總狀態轉換的程式碼與狀態本身是綁在一起的。

在考慮匯總和微服務時，單個微服務將處理一或多種不同型態匯總之生命週期和資料儲存。如果有一個服務中的功能想要更改其中一個匯總時，它不是需要直接向目標匯總要求變更，就是要目標匯總自己反應給系統中的其他事物作自我狀態轉換，我們可見圖 1-17 的示例。

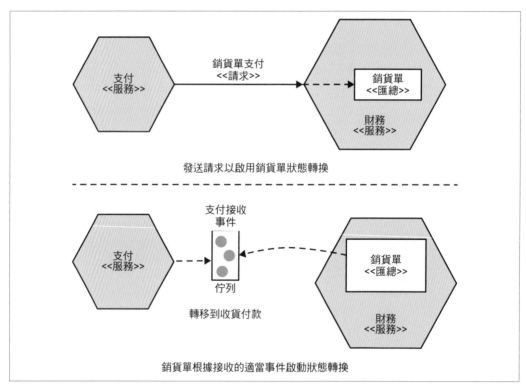

圖 1-17 支付服務可能會以不同的方式觸發銷貨單匯總中的付費轉移期

在這裡有一個值得注意的關鍵是,如果外部請求匯總中的狀態轉換,匯總可以拒絕。理想情況下,您希望以不能進行非法狀態轉換的方式實現匯總。

匯總可以和其他同伴建立關係,在圖 1-18 中,一個客戶匯總和一或多個訂單服務相關聯,並且決定將客戶和訂購服務建模為單獨匯總,可以由不同的服務處理。

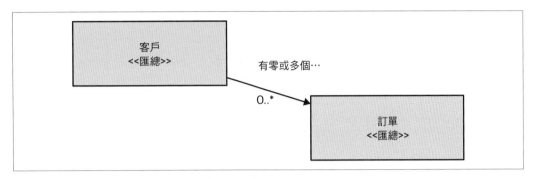

圖 1-18　一個客戶匯總可能和一或多個訂單匯總相關聯

有很多方法可以將系統分解為匯總,有些選擇是非常主觀的。過了一段時間,您可能出於性能或是實現的簡易度考量而決定要重組匯總。首先,在其他因素發生作用之前,讓系統用戶的心理模型作為初始設計的指引,我反而認為實現問題是次要的。我將在第 2 章介紹「事件風暴」作為協作練習,讓您在非開發人員同事幫助下塑造領域模型。

邊界上下文

邊界上下文通常代表組織內部更大的組織性邊界。在該邊界範圍內須執行明確的職責,這樣講可能有點模糊,就讓我們舉一個具體的例子來看。

在 Music Corp 中我們的倉儲非常活躍:管理訂單運送(也有零星的退貨)、接收新庫存、叉車間的競賽等等。在其他地方,財務部門可能沒那麼喜歡玩,但在我們組織內部仍然發揮著重要的功用——處理薪資、支付貨款等。

邊界上下文隱藏了實現細節。例如內部的擔憂:除了倉儲中的工作人員以外,其他人對使用哪種類型的叉車幾乎沒有興趣;這些內部的問題就應該對外隱藏,他們不需要知道也不用在意。

從實現的觀點來看，邊界上下文包含一或多個匯總。有些匯總可能露出在邊界上下文之外；其餘的可能隱藏在內部。與匯總一樣，邊界上下文可能與其他相關聯 —— 當對映到服務時，這個依賴關係將成為內部服務間的依賴關係。

將匯總和邊界上下文對映到微服務

匯總和邊界上下文都提供了內聚的單位，並與廣泛的系統建立明確定義的介面。內聚是一個專注於系統中單一領域觀念的獨立狀態機，邊界上下文則代表相關聯之匯總的集合，也和廣泛的外界建立明確的介面。

這兩者作為服務邊界都可以運作得很好。在一開始，如同前面提到的，您希望減少使用到的服務量，因此應該以包含整個邊界上下文的服務為目標。找到之後，決定將這些服務分解為較小的服務，試著分解到匯總邊界附近。

有個技巧是，即使決定將建模整個邊界上下文的服務分解到較小的服務，您仍然能對外隱藏此決定，也許是透過提供消費者粗粒度的 API 來實現。將服務分解成較小的部分可以說是一個實現決策，因此如果可以我們最好將其隱藏！

進一步閱讀

完整探索領域驅動設計是一項值得投入的事情，但不在本書的範圍內。如果您想進一步研究，建議閱讀 Eric Evans 的《領域驅動設計》或是 Vaughn Vernon 的《領域驅動設計精粹》[12]。

結論

如本章所述，微服務是圍繞業務領域建模之可獨立部署的服務。它們透過網路互相通訊。我們併用資訊隱藏的原理與領域驅動設計，以建立具有穩定邊界上下文的服務使獨立運作更容易，並且我們還盡力減少多種形式的耦合。

我們也提到了它們起源的簡短歷史，甚至還抽出時間研究先前大量工作中的一小部分，還簡要概述與微服務架構相關的一些挑戰。下一章中我將更詳細地討論這類主題，也會說明如何規劃轉移至微服務架構，以及指引您決定它們是否成為您的優先選擇。

12　請參閱 Vaughn Vernon《*Domain-Driven Design Distilled*》（Boston: Addison-Wesley, 2014）。

第二章

遷移規劃

直接進入單體式系統分解的技術層面的細節簡直是太容易了，這將是本書其他部分的重點！但首先，我們真的需要先探索非技術方面問題：您應該從哪裡開始遷移？要如何管理變更？如何帶領起他人踏上旅途？以及稍早問到的——您應該將微服務當成首選嗎？

認識目標

微服務不是目標，擁有微服務不代表您「贏」了。套用微服務架構應該是一種有意識的決策，是基於理性決策的。當現有的系統架構無法實現目標時，您應該思考的是遷移到微服務架構。

如果掌握不到嘗試達到的目標，要如何告知決策過程中應該採取的選項？透過採用微服務架構，您所要達到的目標將極大的改變您工作重點和時間。

它也能幫助您避免成為分析癱瘓的受害者（選擇過多）。您還可能有陷入貨物狂熱的心態風險，只是假設「如果微服務對 Netflix 有好處，那麼它對我們也有好處！」

常見的錯誤

幾年前我曾在一場會議上舉辦了微服務研討會，就如同我教的所有班級一樣，我想要知道他們為什麼會來、以及希望從中得到什麼？班上有好些人來自同家公司，我好奇為何他們被派來這個研討會。於是問了其中一人：「你們為什麼來參加研討會？」、「為什麼想要使用微服務？」，他們回答：「不知道，老闆要我們來！」；我進一步問：「那知道老闆為何要派你們來嗎？」，「您可以直接問他，他坐在我們後面」那位與會者答道。於是我轉向那位老闆問他相同的問題：「您為什麼要使用微服務？」，「我們的 CTO 說我們正在做微服務，所以我認為我們應該要知道微服務是什麼！」老闆回應道。

這個真實的故事雖然有點好笑，但不幸的卻很普遍。我遇過許多團隊他們並不真正了解原因即決定要採用微服物架構，或是不清楚他們希望達到的目標為何。

之所以不清楚為何要使用微服務的原因有很多種，它可能需要大量的投資，無論是直接增加人力或財力，或是優先考慮遷移的工作，而不是添加功能。由於可能要花一些時間才能見到遷移的好處，所以會變得複雜。有時會造成人們可能花一年或多年來遷移，但是忘記當初為何決定要遷移，這不僅是沉沒成本謬誤的問題，而是他們實際上不知道為何要這麼做。

有些人要求我分享遷移到微服務架構的投資回報（ROI）成果，有些人希望以事實和數據來考量是否應該採用此方法。現實是除了很少有對這類事物的詳細研究之外，即使確實存在也都相去甚遠，因為每個人所處的環境不盡相同，具有參考性的觀察有限。

那麼猜猜看這將使我們離開哪裡？好吧。我認同我們應該要有效地研究關於開發、技術和體系架構選擇。有些與此相關的項目已完成，像是「DevOps Report」（*http://bit.ly/2ojVq5o*），不過這只是順帶一提。我們至少應該努力在下決策的過程中融入更具批判性的思維以及實驗性的思維框架，來代替嚴格的研究。

您需要清晰瞭解欲實現的目標，如果沒有謹慎的評估所尋找的回報，就無法進行 ROI 計算。我們需要專注在期望達到的成果，而非一味地堅持單一方法。我們需要明智地思考獲得目標的最佳辦法，即使意味著要放棄大量工作或是回到傳統的無聊方式。

三個重要的問題

在幫助公司瞭解他們是否應該採用微服務架構之前，我想要先問三個問題：

您希望達到什麼目標？

　　這個問題應該和該企業嘗試實現的目標一致，且以能為系統使用者帶來什麼好處的角度來描述。

您是否考慮過使用微服務的替代方案？

　　我們稍後會討論到，其實有很多種方法也可以達到像微服務一樣的好處，您有尋求過那些方式嗎？如果沒有，為什麼不呢？通常可以用較簡單、無聊技術來達到您想要的結果。

您要如何得知遷移是否有效？

　　一旦您決定要著手進行遷移，那要如何知道當前的方向是正確的？我們在本章的結尾會回到該主題。

我多次發現上述這些問題足以使公司重新考慮是否要進一步發展微服務架構。

為什麼要選擇微服務？

我沒辦法為您的公司定義目標，因為您對公司的願景與正面臨的挑戰更瞭解。我可以告訴大家的是幾個全世界的公司採用微服務的常見原因，本著誠實的精神，我還可以提供一些不同方法但也可能實現相同的結果。

提升團隊自主性

> 「無論您從事何種行業，都和員工有莫大的關係。吸引他們作正確的事、為他們提供能激發潛力的信心、動力、自由和渴望。」

—— John Timpson

許多公司都證明了創建自主團隊的好處。將組織團體保持在較小的規模，讓他們彼此間建立緊密的聯結和有效地展開工作，不會有官僚的介入，這些已幫助到許多組織較同行發展得更好、擴展更迅速。Gore 讓自己的業務部門人數不超過 150 人，以確保同仁之間彼此都認識，從而獲得極大的成功。為使這些小規模部門能夠獨立運作，必須賦予他們權力和責任。

一間非常成功的英國零售商——Timpsons，透過增強員工能力，減少對中央職能的需求並賦予本地商店權力自行決策以擴大規模，例如他們可以自行決定要退還多少錢給不滿意的客戶。現任董事長 John Timpson 以取消內部規則並替換為如下兩個原則聞名：

- 看部分，然後把錢投入資本。
- 您可以採取任何舉動帶給客戶最好的服務。

自主性在較小的規模上也能發揮作用，與我合作的大多數現代企業都期望在公司內部建立更多的自主性團隊，常常試著效法其他組織的模式，例如 Amazon 的「兩片披薩原則」或是 Spotify 模式[1]。

如果做得好，團隊自主可以增強人員的能力，幫助他們成長也能更快完成工作。當團隊擁有微服務並能完全掌握所有的服務，他們將提升在大規模組織中擁有的自主性。

您還能怎麼做呢？

自主性——分配責任——可以多種方式發揮作用。研究如何讓團隊擔負更多責任並不需要改變架構，但這事實上是一個確定可以承擔哪些責任的過程。將程式碼的所有權限授予不同的團隊也許是一個方法（模組化單體式仍然對您有益）；這也可以透過確定有部分程式碼庫權做出決策的人來完成（如 Ryan 擅長展示廣告，因此賦予他這個職責；Jane 最瞭解如何優化查詢功能，因此可以執行任何操作）。

自主性增強還能使您不必等待別人為自己做事，因此採取自助服務方式來供應機器和環境可以成為巨大的推手，進而避免向中央團隊申請現場售票來維持日常活動的需要。

縮短上市時間

藉著能夠對單獨的微服務進行變更及部署，以及無須等待合作的發行即可套用變更，我們就有潛力更快速地對客戶更新功能。能夠帶領更多人解決問題也是一個關鍵因素，我們待會兒也會談到。

您還能怎麼做呢？

那我們要從哪裡開始呢？在思考要如何快速地發佈軟體時，其中有很多變因。我始終建議您著手進行類似生產路徑的模擬練習，因為它有助於發現最大的障礙非您所想。

---

[1] Spotify 甚至已經沒人用了。

我記得多年前曾被邀請到一間大型投資銀行的一項專案中，幫助他們加快發佈軟體的速度，我們被告知「開發人員花太長的時間才能將產品投入生產！」。我一位同事——Kief Morris，花了一些時間規劃出發佈軟體涉及的所有階段，研究從產品構想到真正投入生產中的所有過程。

他很快發現到從開發人員開始工作到部署至生產環境中平均大約需要六週的時間。我們認為其中涉及的手動流程，可以由適當的自動化功能省個幾週；但同時 Kief 發現一個更大的問題，就是從產品負責人傳遞到開發人員可以開始工作的地步，可能要花上四十週以上的時間。我們將透過專注於改進流程的這一部分來幫助客戶縮短新功能問世的時間。

因此，請想一下運輸軟體所有相關的步驟，看看總共花費多長時間、每個步驟的持續時間（經過的時間以及繁忙時間兩者），並強調整個過程中困難的點。在這些之後，您也許會發現微服務可能是解決方案的一部分，但也可能發現可以並行嘗試的其他功能。

有效擴展負載規模

藉著將處理程序分解為單個微服務，可以獨立擴展這些流程。也就是說可以經濟高效地擴展——我們只需要擴展當前限制處理負載能力的部分。我們可以縮減負載較小的微服務，甚至在不需要的時候關閉服務。這也是為何這麼多建構 SaaS 產品的公司採用微服務架構的原因，使他們可以更好的控制營運成本。

您還能怎麼做呢？

我們有大量可供選擇的替代方案，其大多數容易在致力於微服務導向的方法之前進行試驗。我們可以從大盒子開始，如果使用的是公共雲端或其他類型的虛擬平台，則僅需要大一點的機器來執行程序。這種「垂直」擴展顯然地有其侷限性，但可作為短期迅速改進的選擇，不應將它徹底否定。

現有單體式系統的傳統水平擴展（基本上就是運行多個複本）能證明是非常有效的。於類似負載平衡器或佇列之類的分配負載機制的背後運行多重複本，可以輕鬆處理更多負載；雖然當遇到資料庫內部中的瓶頸時，可能無濟於事，但這取決於技術支不支援這種擴展機制。水平擴展是一件容易嘗試的事情，在考慮微服務以前，確實該放手一搏，因為它可以很快的評估適用性，且其缺點要比成熟的微服務架構少很多。

也可以改用處理負載較好的技術，但這不是一件容易的事——要考量到將當前的程式碼移植到新型資料庫或新程式語言方面工作。遷移至微服務實際上是可以把更改技術變得容易些，因為可以更改僅在微服務內部所使用到的技術，而其餘未使用的部分則保持不變，來降低更改的影響。

增進強健性

從單租戶軟體轉移到多租戶的 SaaS 應用程序意味著系統斷電的影響可能會更加廣泛。客戶對軟體的可用性及在他們生活中的重要性都在增加，透過將應用程序分解為單個、可獨立部署的程序，我們開啟了許多機制來增進應用程序的強健性。

藉著使用微服務，我們可以實現更強健的架構，因為功能已經被分解了；也就是說，對功能某一方面的影響並不會使整個系統都降低。不僅如此，我們還將時間及精力專注在最需要強健性的應用程序上，以確保系統的極關鍵部分保持正常運作。

彈性及強健性

當我們想要提高系統避免斷電的能力、能冷靜處理故障的能力及問題發生時迅速恢復的能力，我們通常會說到**彈性**。在如今稱為**彈性工程**的領域中，已經完成了許多工作，請將其視為一個整體來研究，它不僅涉及運算，更涉及所有領域。由 David Woods 率先提出的彈性模型從更廣泛的角度看待彈性概念，並引出一個事實：**彈性**並非如我們預期的那樣簡單，它將我們處理已知與未知的失敗來源的能力分離出來[2]。

David Woods 的同事 John Allspaw 幫助大家區分強健性和彈性的觀念。**強健性**是指系統能夠對預期變化做出反應的能力；**彈性**是指組織能夠適應一些未曾想到的事物，可能包含在一陣混亂工程下造成的實驗文化等。舉例來說，有某特定的計算機可能會死機，透過對它進行負載平衡實例而為系統爭取緩衝空間，這就是解決強健性的例子。彈性是指組織為著無法預期的潛在問題做準備的過程。

這裡一個重要的考量因素是微服務不一定要免費提供強健性；相反地，它們為更能容忍網路分區、服務中斷等的方式設計系統製造機會。只將功能分佈在多個單獨流程和機器上並不能保證強健性的提升；反而可能只會增加失敗的表面積。

2　請參見 David Woods 的「Four Concepts for Resilience and the Implications for the Future of Resilience Engineering」，*Reliability Engineering & System Safety* 141 (2015) 5-9。

您還能怎麼做呢？

透過運行單體式系統的多個複本，也許在負載平衡器或其他分配負載的機制（如佇列[3]）背後，我們為系統增加了緩衝空間。藉著在多個故障平面上分佈單體式系統的實例（例如，不要將所有機器放在同個機架或是同一資料中心）來進一步提高應用程式的強健性。

投資更可靠的硬軟體設備以及全面檢查系統中斷的現有原因皆有可能會產生收益。例如，我已見過許多由於過度依賴手動程序而引起的生產問題，或如人們「沒有遵循協定」，意味著個人無意間造成的錯誤可能會導致重大影響。British Airways 在 2017 年曾經歷大規模的系統中斷，導致進出倫敦希斯洛及蓋特威克機場的所有航班都被取消。這次的問題顯然是由個人行為導致電湧意外觸發。如果應用程式的強健性要仰賴於不會有人為的犯錯，那麼之後的路會很艱難。

擴展開發人員數量

我們也許都見過為了加快運行而將開發人員都投入到一個項目中衍生的問題，常常適得其反；但是有些問題確實需要較多人力來完成。正如 Frederick Brooks 在他具有開創性的著作《人月神話》[4]中概述的那樣，如果可以劃分為幾個可獨立作業的項目，且彼此之間的相互性是有限的，那麼投入更多的人力只會繼續提升交付的速度。他以在田間收割莊稼為例——由多人並行工作是一項簡單的任務，因為每個收割機完成的工作並不需要與其他人互動。但是軟體幾乎無法像這樣合作，因為完成的項目不盡相同，且通常一項工作的輸出是另一項工作需要的輸入。

有了明確定義的邊界，以及圍繞在確保微服務能限制彼此間耦合的架構體系下，我們提出了可獨立處理的程式碼。因此我們期望可以透過減少交付爭議來擴展開發人員的數量。

要成功擴展需要承擔解決問題的開發人員數量，團隊之間必須有高度的自主性。光有微服務是不夠的，必須考慮到團隊如何與服務所有權保持一致、團隊間如何共同協作，且還需要以不牽涉太多服務的變更方式分散合作。

---

3   請參見 Gregor Hohpe 和 Bobby Woolf 撰寫的《*Enterprise Integration Patterns*》，第 502 頁中競爭消費者模式的此類範例。

4   請參見 Frederick P. Brooks 所著的《*人月神話*》，20 週年紀念版（Boston: Addison-Wesley, 1995）。

您還能怎麼做呢？

由於微服務本身成為可獨立處理的功能解耦部分，因此對於較大的團隊來說效果很好。另一種方法為實現模組化單體式：不同團隊擁有每一個模組，只要模組間保持有穩定的介面，他們就可以獨立進行更改。

但這種方式有些限制，在不同團隊之間仍存在某些爭議，因為軟體最終是全部包在一起的，所以部署工作需要各方的協調。

擁抱新技術

單體式系統往往限制了技術的選擇。通常在後端我們習慣以一種程式語言來編碼，固定在一種部署平台上、作業系統以及資料庫。微服務架構使我們對每個服務可以選擇更改與否。

透過將技術更改隔離在一個服務邊界中，我們可以認識到新技術的優勢，萬一發生問題時也能抑制影響範圍。

在我的經驗中，雖然成熟的微服務組織通常會限制所支持的技術堆疊數量，但在使用的技術方面來說，卻很少是同質的。以安全的方式嘗試新技術能為他們提高競爭優勢，既能為客戶提供更好的成果，也能幫助開發人員滿意於掌握新技能。

您還能怎麼做呢？

如果我們繼續以單一程序來發佈軟體，那麼我們能引入的技術就會受到限制。當然，我們可以在同一運行時間安全地採用新語言——JVM 即為一個在同個運行過程中，能掌管由多種語言編寫的代碼。但是新型資料庫會出現更多問題，因為這意味著將先前的單體式系統模型分解以允許增量遷移，除非您計劃要立即、完整地轉換到新的資料庫技術，而此技術是既複雜又有風險的。

如果目前的技術堆疊被稱為是「燃燒平台」[5]，那您可能別無選擇，只能用更新、更好的技術堆疊來代替它。當然，沒有什麼能阻擋您用新的單體式系統漸漸取代現有的，第 3 章陳述的絞殺榕方法可以實現這一目標。

---

5 「燃燒平台」術語通常用於表示被視為壽終的技術，可能因為要支援這個技術太過昂貴、困難，也很難雇用具有相關經驗的人。被大多數組織認為是燃燒平台的一個常見例子是 COBOL 大型機應用程序。

重利用？

重利用是微服務遷移中最常提出的目標之一，我認為這是個糟糕的目標。基本上來說，重利用並**不是**人們想要的直接結果，而是希望可以帶來其他益處。希望透過重利用加速發佈功能，或者降低成本；如果這些是您的目標，請追蹤這些項目，否則您很有可能最終優化到錯誤的東西。

為了解釋我的意思，讓我們更深入看一個重利用之所以被選為目標的常見原因。我們希望能更快發佈功能，因此認為重利用現有的程式碼以優化開發流程，如此不必撰寫太多的程式碼，也就是說以較少的工作達到快速發佈軟體的目的，對嗎？讓我們舉一個簡單的例子：Music Corp 的客戶服務團隊需要格式化 PDF 以提供客戶銷貨單。系統的另一部分已經處理 PDF 的生成：我們產生 PDF 檔是為了在倉庫裡列印出來、然後生成運送給客戶的裝箱單以及發送給供應商的訂單。

按照重利用的目標，我們團隊可能被指示使用現有的 PDF 生成功能，但是它是由不同部門的另一個團隊管理；所以現在我們必須與他們協調來實現必要的更改，以支援我們的功能。這可能意味著需要請求他們的幫忙，或者我們自己更改然後通知他們（假設公司是如此運作）。不管是哪種方式，我們都必須與組織的另一團隊協調以進行更改。

花時間與人協調更改便能推動更新，但我們得出的結論是，與花費時間修改現有程式碼相比，後者可以更快地編寫要實現的項目，及發佈功能給客戶。對於希望縮短上市時間的人而言，這會是正確的選擇。但如果針對重利用進行優化，期許能盡快上市，那最終仍需要作一些使步調變慢的事情。

衡量複雜系統中的重利用是困難的，但這通常是我們要做的事，如前面提到的。要花時間專注在您的實際目標上，並認識重利用不總是正確的答案。

微服務何時會是個不好的點子？

我們花了很長時間探索微服務架構下的潛在優勢，但是在某些情形下，我反而建議您千萬別使用微服務。來看看是哪些情況吧！

模糊的領域

錯誤地定義服務邊界可能會付出昂貴的代價，它可能導致大量的跨服務更動、過多耦合組件，一般來說可能還比擁有單體式系統還糟糕。在《建構微服務》一書中，我分享了ThoughWorks 公司的 SnapCI 產品團隊的經驗。儘管他們非常瞭解持續整合的領域，但是他們起初為後台託管的持續整合解決方案提出服務邊界的嘗試不太正確，造成了高成本的變更與持有。奮鬥了幾個月之後，該團隊決定將服務合併回一個大型應用程式。後來，當應用程式的功能集稍微穩定，加上團隊對該領域有更深入的了解時，找出穩定的邊界就容易多了。

SnapCI 是託管的持續整合與持續交付工具。該團隊以前曾研究過另一個類似的工具 Go-CD，現為一種可以在本地部署而不需託管在雲端的公開持續交付工具。雖然早期有部分的程式碼在 SnapCI 和 Go-CD 項目之間進行重利用，但最後 SnapCI 變成一個全新的程式碼庫。儘管如此，該團隊先前在 CD 工具領域累積的經驗使他們更加勇敢地採取行動，加快確定邊界以及將他們的系統建構成一整套的微服務。

但是幾個月後，很顯然地 SnapCI 的用例間的差別非常小，可見最初對服務邊界的理解並不完全正確。這導致需要進行跨服務大量更改，從而衍生更高的成本；最終，團隊又將服務併回到一個單體式系統中，使他們有時間深入瞭解邊界應該存放在哪個位置。一年後該團隊終能將單體式系統分解到微服務，也證明其邊界更加穩固。我見過的例子遠遠不止於這種情況。過早的分解系統成微服務可能會付出極高的代價，尤其當您還是新手時。在許多方面，擁有要分解為微服務的現有程式庫，比嘗試從一開始就使用微服務要容易得多。

如果您自認為在自己的領域尚未完全掌握，在進行分解系統之前解決它是好的想法（但這也是進行領域模型的另一個原因！這部分稍後會再討論）。

新創公司

有點爭議的是許多以使用微服務聞名的組織被認為是新創公司，但事實上，包括Netflix、Airbnb 等在內的許多公司是在發展後期才轉向微服務架構的。微服務有可能是「擴大規模」的絕佳選擇，因為新創公司至少都已奠定了產品／市場的基礎，而現今正在擴大規模以提高（或可能只是實現）盈利能力。

與大型企業不同的點是，新創公司為尋求與客戶的契合度多方嘗試各種想法，隨著探討的空間增大，對產品的原始想法可能發生巨大變化，進而擴展到產品領域的變化。

一個真正的新創公司可能是一間資金有限的小型企業，需要全神貫注在找到適合產品的方法。微服務主要就是解決新創公司發現他們與客戶間相互適應這類的問題；換句話說，微服務是解決初成立的公司成功後遇到的各種問題的好方法，所以要先努力成功，否則無論是否使用微服務建構就不重要了。

劃分現有的「棕地」系統要比使用新創公司創建的綠地系統進行劃分要容易得多。您有更多的地方需要與人合作，像是檢查程式碼、與維護使用系統的人交談，您也知道什麼樣看起來叫作*滿意*，也可透過更改工作系統幫助您更容易知道您可能在什麼時候犯了錯，或是在決策過程中您可能過於激進了。

不僅如此，您還有個運行中的系統，您也了解它的運作方式以及生產中的行為。分解為微服務可能會造成一些令人厭煩的性能問題，但對於棕地系統，您有機會在做出潛在影響性能的變動之前建立一個健全的基線。

我當然不是說*永遠不要為新創公司提供微服務*，我的意思是在這件事上應該要謹慎。一開始僅圍繞在明確的邊界上進行劃分，將其餘部分保留在單體式系統的一端，可以為您爭取時間從運作的角度來評估成熟度——如果您難以管理兩項服務，那管理十項會更加困難。

客戶安裝和軟體管理

如果將軟體打包並交付給客戶後由他們自行操作，那微服務可能是一個糟糕的選項。當遷移到微服務架構時，很多複雜性也被帶入運作領域上了，先前使用來監視單體式系統並排除故障的技術可能不適用於新的分散式系統。現在，進行微服務遷移的團隊透過採用新技能或技術來克服這些挑戰，畢竟這不會是您的客戶期望見到的。

一般來說，您可以針對特定平台使用客戶安裝的軟體。例如，您可能會說「需要Windows 2016 Server」或者「需要 macOS 10.12 以上版本」。這些就是定義明確的目標部署環境，您很有可能會使用這些管理工具的人員所熟悉的機制來打包單體式軟體（例如運送 Windows 服務，包在 Windows Installer 軟體中）。您的客戶可能熟悉以這種方式購買和執行軟體。

想像一下，假設您給他們一個程序去執行和管理，然後再給他們 10 或 20 個程序，會有什麼樣的麻煩？或者甚至更激進地期望他們在類似 Kubernetes 集群上執行您的軟體？

現實是不能期望客戶擁有可用於管理微服務架構的技能或平台，即便真的有，他們可能也缺少與您所需的相同技能或平台。例如，Kubernetes 之間的安裝就有很大的不同。

沒有充分的理由！

最後，不採用微服務最大的原因就是您不清楚瞭解想要實現的目標。正如我們將要探索的一樣，您尋找的採用微服務之結果將定義要從哪裡開始以及如何分解系統。若沒有清楚的目標願景，您就會在黑暗裡四處摸索。僅僅因為看到人作微服務而跟著採用是一件很糟糕的事。

權衡

到目前為止，我已經概述了人們可能想要孤立採用微服務的原因，並（同時簡要地）列出考慮其他選項的案例。但在現實世界中，很常見到的是嘗試一次改變多件事情而非只有一件。這可能導致優先順序被混淆、迅速增加需要的更改量，並延遲帶來的收益。

一切都從零開始。我們需要重新設計應用程序，好處理明顯增加的流量，並確認微服務是前進的方向。有人突然冒出來說：「好吧，如果我們正在作微服務，可以使我們的團隊更有自主性！」另一個人附和道：「這也給我們嘗試 Kotlin 程式語言的機會！」不知不覺中，您已經有了一個龐大的改革計劃，正試圖發揮團隊自主能力、擴展應用程序並同時引進新技術，以及團隊為了加強工作計劃而採取的其他措施。

而且，在這種情況下，微服務被鎖定為那方法。如果您只在意擴展方面，則在遷移過程中可能會意識到，將現有的單體式應用程序以水平擴展的方式會更好；但是這樣做並無法幫助改善團隊自主性或引入 Kotlin 程式語言的次要目標。

因此，將遷移計劃背後的核心驅動力與期望獲得的次要利益區分開來是很重要的。在這種情形下，提高應用程序的規模是最重要的事，為使次要目標（如增進團隊自主性）有進展的工作也許有幫助，但若成了關鍵目標的妨礙，它們就得退回去了。

重點是要了解有些事情確實比其他更重要，您無法正確的排出優先順序。我喜歡做的一項練習是將期望的每個結果視為一個滑桿，每個滑桿從中間的位置開始。當您覺得一件事情變得更重要時，必須放棄另一件事情的優先權，您可以參考圖 2-1。例如，它清楚地表明，即使您希望簡化多語言編程，但它並不像確保應用程序具有高彈性一樣重要。在確定您的前進方向時，清晰地闡述後果並進行排名可以使決策更容易。

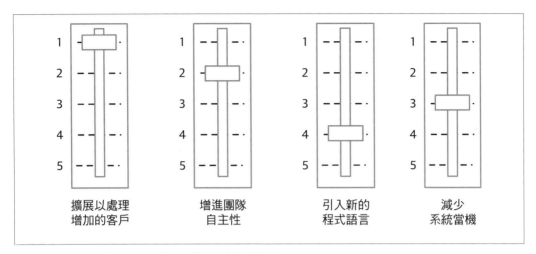

圖 2-1　使用滑桿來平衡您可能遇到的競爭優先順序

這些相對的優先順序是會改變的（隨著您瞭解的越多，也應該要更改），但它們可以指引決策。如果您想分配責任，賦予新成立的自主團隊更多權力，諸如此類的簡易模型有助於告知他們本地的決策，並幫助他們做出更好的選擇，從而與整個公司要實現的目標一致。

帶領人踏上旅途

我常被問到：「我要如何銷售微服務給老闆？」這是來自開發人員的提問，他已瞭解到微服務架構的潛力，並確信這是可以邁進的方向。

當人們不同意某個方法時，通常是因為他們對於您嘗試要達到的目標持有不同看法，因此重要的是，您需要和同個旅途上的人對欲實現的**目標**達成共識。如果您們在目標上是一致的，那麼至少知道您們分歧的點在於**如何**到達；因此又需要回到目標身上，如果組織中的其他人能共享此目標，那麼他們就有可能加入變革的行列。

事實上，值得一提的是從一種有助於組織變革的知名方式中尋找靈感，來探索如何既可推銷該想法又可付諸實現，讓我們繼續看下去。

組織變革

John Kotter 博士實現組織變革的八步驟流程是全球變革管理者的主要工作,部分歸因於它能將必要的活動提煉成獨立且易懂的步驟。類似於這樣的模型絕非只有一個,但卻是我認為最有幫助的。

圖 2-2 敘述了很多關於此流程的內容,所以我就不再對其詳述了[6]。但仍值得簡述這些步驟並思考如果採用微服務架構將有什麼幫助。

在說明之前,應該注意的是這個變革模型通常用於建立大規模組織的行為轉變。因此,假如您只是想將微服務套用在一個 10 人團隊中,那它對您而言可能就有點過多了;但是即使在小規模的設置中,我發現此模型的早期步驟仍很有幫助。

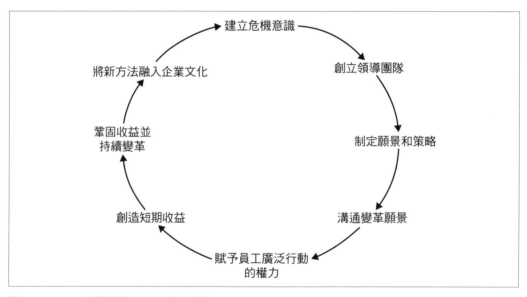

圖 2-2　Kotter 組織變革的八步驟流程圖

6　Kotter 變革模型在他的《領導人的變革法則》一書中有詳細說明(Harvard Business Review Press, 1996)。

建立危機意識

人們可能認為轉向微服務的想法是一個好主意，但這個想法可能只是組織中浮現出來的眾多好方法之一，訣竅在於幫助人瞭解**現在**正是進行這項特殊變革的時候。

尋找「受教的」時機會有所幫助。有時候正確拴上穩固的門是在栓上馬**之後**，因為人突然間意識到需要考慮馬的逃跑，而現在他們甚至發現自己有一扇門：「哦，看哪，它可以關閉一切！」在處理危機之後的一刻，您意識中會有短暫的時刻是希望所推動的變革能發揮作用。等待時間過長，疼痛感以及引起疼痛的因素皆會減輕。

請記得，您現在要做的不是：「我們現在應該要做微服務！」，而是對自己想要達到的目標有危機意識，正如我提過的，微服務並不是目標！

創立領導團隊

不需要所有人都參與，但您需要足夠的人力資源來實現。您需要確定組織內部可以幫助一起推動變革的人。假如您是一位開發人員，那很有可能從自己團隊中的直屬同仁開始，或是更資深的人——可能是技術主管、架構師或者交付經理。依據變更的範圍，不見得需要大量的人力。如果只是單單改變團隊的工作方式，那麼確保團隊的氛圍可能就夠了；但如果是想要改變公司開發軟體的方式，則可能需要執行級別的人員來支持（也許是 CIO 或 CTO）。

帶領人一起加入幫助實現變革並不容易，無論您的點子有多好，倘若這人從未聽過您，也未曾與您共事過，為何要支持您的想法？因此需要取得信任。如果有人曾與您合作過且小有成功，那他們支持您的可能性就很大。

還有一個重要的點是需要讓交付軟體以外的人員參與。如果您是在一間「IT」和「業務」之間沒有障礙的公司工作，那麼也許可行；相反地，若他們之間存在著對立，那可能需要繞道去其他地方尋找支持者。當然，若您採用的微服務架構重在解決業務部門面臨的問題，那就會比較容易實現。

之所以需要讓 IT 以外的人員參與，是因為所做的變更可能對軟體的運行方式和其行為產生重大影響。您需要對於系統在故障模式下所做的行為方式進行不同的權衡，比方說您如何解決延遲問題。例如，用快取資料來避免發送服務呼叫以確保關鍵操作的延遲時間是一種好方法，但需要權衡的是，這可能導致使用者看到過時的資料。那是正確的做法嗎？您可能需要和使用者討論，如果組織內維護使用者資訊的人不了解變革背後的原因，那將會是很艱辛的討論。

發展願景和策略

在這裡您可以與同仁聚在一起，就您希望帶來的變革（**願景**）以及如何實現目標（**策略**）達成一致。願景是棘手的事情，既要實際又要有抱負，找到兩者之間的平衡點是關鍵所在。願景越廣泛，要把它包裝成引人注目就需要下更多的功夫，但含糊的願景仍能與小型的團隊合作（「我們必須減少錯誤數量！」）。

願景就是關於目標——您期望達成的**事**；策略則是關於**如何**達到。微服務將實現期望的目標（它們也將成為策略的一部分）。請記住，策略可能會改變。致力於願景固然重要，但是面對相反的證據時，過分地致力於特定的策略是危險的，且很可能導致重大的沉沒成本謬誤。

溝通變革願景

擁有遠大的願景很好，但是不要大到讓人難以相信其可行性。我最近看到一則大型企業的 CEO 發表的聲明（有轉述的意思）：

> 「在接下來的 12 個月中，我們將轉向微服務並採用雲端原生技術，從而降低成本以及加快交付速度。」
>
> —匿名的 CEO

公司裡與我交談過的員工中沒有人相信有這種可能。此聲明中的部分問題是列出了潛在的矛盾目標——全面性變更軟體交付方式可能會幫助您快速交付，但是要在 12 個月內達成並不會降低成本，因為您可能會需要引進新的技能，否則在那之前在生產力方面可能會產生負面影響。另一個問題是聲明裡提到的時間軸，在這特殊的組織中，變革的速度慢到讓人覺得 12 個月的目標是可笑的。因此願景必須使人信服。

在分享願景時可以從小地方著手。多年前我參加一個名為「測試傭傭軍」的計劃，旨在幫助 Google 實踐測試自動化。該計劃的啟動是由現被稱為實踐社區（Google 命名法中的「Grouplet」）之先前的努力，幫助推廣自動化測試的重要性。此計劃於初期推動了一項關於測試訊息的計劃，命名為「在馬桶上測試」，即在廁所門的背後貼一頁簡短的文章，以便人們在「閒暇之餘」閱讀！我並不是說此種方法可以使用在任何地方，但用在 Google 上確實效果不錯，為一種可行的有效辦法[7]。

---

[7] 有關在 Google 上進行測試的變更計劃，Mike Bland 撰寫的出色文章（*http://bit.ly/2omkxVy*）中有詳細的歷史紀錄，值得一讀。此外，Mike 也寫了「在馬桶上測試」的詳細歷史紀錄（*http://bit.ly/ 2ojpWw*）。

最後一點要注意的是，隨著面對面交流趨勢的增加而傾向於使用 Slack 這類的系統。談到共享重要資訊時，面對面交流（最好是面對面，抑或是影片方式）將大幅提高效率，這樣能輕易得知人們聽到這些想法的反應為何，並當下校正訊息避免誤解產生。即便在大型組織中可能需要其他形式的溝通來傳播您的願景，也要盡可能面對面，因為這將幫助您更有效地優化信息。

賦予員工廣泛行動的權力

「賦予員工權力」是管理諮詢公司為幫助他們完成工作的說法，這有一層非常直接的含意——消除障礙。

現在您已分享了願景並為之感到興奮，那麼接下來會發生什麼事呢？事情阻礙了一切。最常見的問題是人們忙碌於當前的工作而無法改變頻寬，這也就是為什麼企業引進新人（也許透過僱用新人或是請顧問）的原因，來為團隊提供額外的頻寬及專業知識以做出改變。

舉一個具體的例子，在採用微服務時，提供基礎設施周遭的現有程序可能是一個真正的問題。如果您的組織處理新生產服務的部署方式涉及到提前六個月訂購硬體部分，那麼採用允許按照需求供應的虛擬執行環境（像是虛擬機或容器）的技術將是一大福音，正如轉移至公共雲端供應商一樣。

不過我確實想回應一下前面一章的建議，不要因此將新技術混入其中，反要利用它解決眼前的具體問題，在確定阻礙後採用新技術來解決那些問題。不要花一年的時間去定義「完美的微服務平台」，結果到頭來卻發現它實際上無法幫助解決遇到的問題。

作為 Google「測試僱傭軍」計劃的一部分，我們創建了簡化測試套件的建立和管理的框架，將測試的可見度作為程式碼審查系統的一部分，甚至最終驅動了全公司使用的 CI 工具的成立，以簡化測試執行。不過我們並不是一次性完成所有的操作，我們與幾個團隊合作，瞭解其中痛處並吸取教訓，然後注入時間產生新工具。我們還從小處著手，簡易測試套件的創立是一個非常簡單的程序，但是更改全公司範圍的程式碼審查系統則是一大難題。在其他地方尚未成功之前，我們不輕易嘗試。

創造短期收益

如果需要耗時很久才能看到顯著的進步，人們將對願景失去信心。因此需要爭取快速的收益。初期將重點放在小型、簡易、易得的果實上有助於建立動力。論到微服務分解方面，能輕鬆從單體式系統中萃取的功能應該在清單上列居前置位。但是正如我們先前建立的觀念——微服務本身並不是目標，因此您需要在萃取某功能的簡易性和其帶來的好處之間取得平衡，這部份稍後會在本章繼續談到。

當然，如果您選擇容易的事情去做，並在過程中遇到大問題時，這可能為您的策略帶來寶貴見解，並能使您重新思考自己在做什麼。這完全是可以的！關鍵是如果您先專注在簡易的事上，那麼就能早日獲得這般見解。犯錯是很自然的，我們所能做的就是將其整理構建起來，確保自己盡快從錯誤中學習。

鞏固收益並持續變革

一旦小有成功時，很重要的是不要滿足於現狀；如果不繼續努力，就可能只有短期的勝利。在成功（或失敗）之後停下來反思很重要，讓您思考如何繼續推動變革。當接觸組織不同部分時，您也許需要改變應對方式。

越深入暸解微服務轉移，您可能就會發現越難執行。初期可能會延遲處理資料庫分解，但不能永遠逃避。我們將在第 4 章探討，您可以使用的技術很多，但是要仔細找出哪種方法才是正確的。請記得，在單體式系統中某個區塊所使用的分解技術未必在其他區域也適用，所以需要不斷嘗試新方法向前進。

將新方法融入企業文化

透過不斷推出變革以及共享成功（和失敗）的故事，新的工作方式將開始為公司營運；其中佔很大的部分為與同事和其他團隊或組織其中的其他人員分享故事。一旦解決了一個難題後，通常直接進入下一個，為了實現規模變化並堅持下去，持續尋找在內部組織共享資訊的方法至關重要。

過了一段時間，新的做事方式成為完成工作的方式。如果您看看那些在採用微服務架構上走了好長一段路的公司，這方法是否正確已不再是一個問題了；這正是現在做事的方式，而且該公司也了解如何做好這些事情。

反過來說，這會產生新問題。一旦新構想成為行之有效的工作方式，那要如何確保未來更好的方法有發展的空間，甚至取代當前的工作方式？

漸進遷移的重要性

「如果您進行大爆炸重寫，唯一可以保證的就是會大爆炸。」

—Martin Fowler

如果您堅信將現有的單體式系統分解是正確的選擇，那麼我強烈建議您不要使用那些單體，而是一次提取一點出來，以漸進的方式讓您隨時瞭解微服務之外，還能限制出錯的影響範圍（你絕對會出錯的！）。如果將單體式系統視為大理石塊，我們很可能把整個都炸掉，不會有好結局。漸進遷移的方式較為有意義。

將不平凡的單體式系統遷移至微服務架構之昂貴的實驗成本為問題所在，況且如果一次完成所有操作，很難獲得哪些運作良好（或不良）的回饋。較簡易的方式為區分成多個階段；每個階段都能進行分析和從中有所學習。正因如此，甚至在敏捷出現以前，我就一直是迭代交付軟體的忠實粉絲（接受我會犯錯）；因此需要一種減少錯誤的方法。

任何遷移到微服務架構的方式都應牢記以下原則：將這趟長途旅程分解許多小步驟，每個步驟都可以執行且值得學習。假如事實變成倒退一步，那僅是很小的一步。無論哪種方式都能從中學習，為您奠定進行下一步的基礎。

如同前面所述，分成多個不同的小部分可以使您識別迅速勝利並從中學習，也更容易往前邁進一步帶動發展。藉著一次拆分一個微服務可以漸進地釋出微服務帶來的價值，而不必等待大規模的部署。

所有這些對於尋找微服務的人來說幾乎已經成為庫存建議。如果您認為這是個好主意，請從小地方著手。選擇一兩個領域的功能，將它們實現為微服務，並將其部署到生產中及思考是否有效。我也將在本章後段為您提供一個確定該從哪些微服務開始的模型。

至關重要的生產

需要特別注意的一點是，微服務的提取只有在投入生產並得到積極使用後才能被認為是完整的。漸進提取的部分目標給我們機會學習和理解分解的重要性。在您的服務投入生產之前，是不會學習到大多數重要的課程。

微服務分解過程中會產生疑難排解、追蹤流程、延遲、參照完整性、連鎖性失敗及許多其他問題。這些問題大多數是在投入量產後才會注意到的。在接下來的幾章我們將研究可讓您能部署到生產環境中，問題發生時限制其造成的影響的技術。如果是少部分變革，發現（並修復）所造成的問題也相較容易。

變革成本

在本書中，我提出漸進式些微變革的原因很多，但關鍵的驅動因素之一是要瞭解我們所做的每項更動之影響，並根據需要進行變革。這雖使我們能有效減少錯誤的損失，但不能完全消除錯誤發生的機會。我們可以犯錯、也會犯錯，而我們應該接受錯誤；除此以外，也應該好好瞭解如何減輕犯錯的代價。

可逆與不可逆的決策

Amazon 的 CEO —— Jeff Bezos 在其年度股東致詞中談到關於 Amazon 運作方式有趣的見解。2015 年的信中包含以下內容：

> 有些決定是必然的，不可逆的或幾乎不可逆，如單向門；這些決定必須有條不紊地、謹慎地、緩慢地、經過深思熟慮和協商後做出。如果您不喜歡另一側的景象，那將無法回到過去；我們稱之為第一類決策。然而大多數的決策並非如此，它們是可變化的、可逆的，是雙向門。如果您做出的第二類決策不理想，您不必承受如此久的後果；可以重新打開門然後走回去。第二類決策應由高判斷力的個人或小組迅速做出。
>
> —Jeff Bezos，*Letter to Amazon Shareholders*（2015）

Bezos 繼續說道，那些沒有經常下決策的人可能會陷入將第二類決策視為第一類般對待的陷阱。每件事物有生與死，一切變成重大任務。問題在於，採用微服務架構會帶來一堆關於如何做事的選擇，意味著您可能要比從前下更多的決策。如果您（或您的公司）不習慣的話，很有可能會掉入陷阱以致進展停滯不前。

上述說的這兩種術語不太具有描述性，很難記住第一類或第二類決策的實際含義；因此我更喜歡稱為不可逆（第一類）或可逆（第二類）[8]。

8　在此向 Martin Flower 致敬，感謝他提供的命名！

儘管我喜歡這個觀念，但我認為決策並非絕對分於這兩個類別之中，感覺會有更細微的差別。因此我寧願將不可逆與可逆視為光譜的兩端，如圖 2-3 所示。

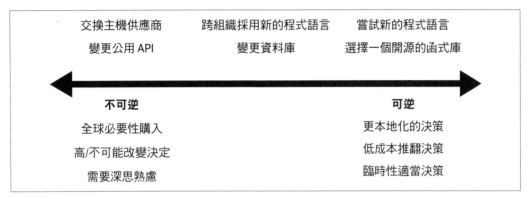

圖 2-3　沿著光譜舉例說明不可逆與可逆決策間的差異

評估自己初期在光譜上的哪個位置滿具有挑戰性，倘若之後改變主意，那一切將要回到理解影響上。較晚校正導致的影響越大，看起來就越像不可逆的決策。

實際上作為微服務遷移的一部分，您將做出的大量決策都將朝著可逆的方向發展。軟體具有經常性退回或撤銷的屬性，所以您也可以退回軟體變更或是軟體部署。您需要考量的是改變主意衍生的代價。

不可逆的決策需要更多的參與及深思熟慮，因此您應該（正確地）花更多時間在決策的事上。當我們越達到光譜上的右端，即朝向可逆的決策，就越能信賴在問題前線的同仁做出的正確決定，或是知道他們如果做出了錯誤的決定，也能容易解決。

更簡易的實驗

在程式碼庫中移動程式碼所涉及的成本非常小，我們有很多支援的工具，且就算有問題發生，通常都可以很快得到解決。然而拆分資料庫的工作量很大，退回資料庫變更也很複雜；同樣地，解開服務之間的過度耦合集成，或必須徹底重寫多個使用者使用的 API 可能是一項艱鉅的任務。龐大的變更成本意味著這些操作背後的風險也越高，那我們要如何管理這些風險？我的方法是嘗試在影響最小的地方犯錯。

我傾向在變更成本及錯誤成本都偏盡可能低的地方做很多思考。在白板上勾畫出您建議的設計。查看跨服務邊界運行使用案例時發生的情況，例如在音樂商店，想像一下當消費者搜尋唱片、在網站上註冊或購買專輯時會發生什麼事情？撥打什麼電話？您是否開始看到奇怪的引用循環？您是否看到兩個服務過度交談，可能表明它們其實是同一東西？

我們要從哪裡開始？

好，我們談過了清楚闡述目標並瞭解潛在的權衡之重要性，那接下來是什麼？我們需要知道想要提取哪些功能到服務中，以便開始理性地思考下一步要創建的微服務。當談到分解現有的單體式系統時，我們需要進行某種形式的邏輯分解，也就是領域驅動設計派上用場的地方。

領域驅動設計

在第 1 章中，我介紹到領域驅動設計是在幫助定義服務邊界上重要的觀念。開發領域模型也能幫助我們思考如何優先分解的順序。在圖 2-4 中，我們為 Music Corp 提供高階領域模型的範例。您可以看到透過領域模型實際演練確定的邊界上下文之集合。我們可以清楚地看到邊界上下文之間的關係，可以把它們想成著組織內部的互動。

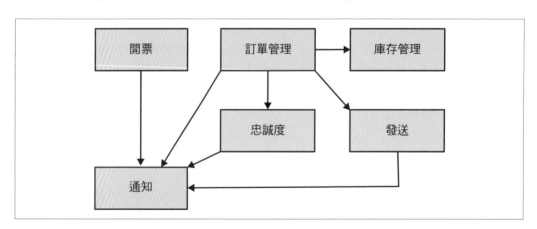

圖 2-4　Music Corp 的邊界上下文及它們之間的關係

每一個邊界上下文都代表分解的潛在單位，如前所述，邊界上下文是定義微服務邊界良好的起始點。因此我們既然有了優先順序的清單，也可以透過這些邊界上下文間的關係形式獲得有用的資訊，如此一來便能幫助我們評估提取不同功能的相對難度；我們稍後會回來討論此想法。

我考慮提出一個領域模型，是建構微服務遷移中不可或缺的步驟。常令人生畏的是許多人沒有直接的相關經驗，非常擔心其涵蓋了大量的工作。然而現實情形是，雖然有經驗能有效幫助建立像這樣的邏輯模型，但是即便發揮很小的努力也能產生實用的好處。

您必須走多遠？

在對現有系統進行分解時，這是一個令人生畏的前景。許多人可能已經並繼續構建該系統，事實上很可能有更多的人以日常方式使用它。嘗試在給定範圍內提出整個系統的詳細領域模型可能會令人感到畏懼。

重要的是要瞭解，我們從領域模型中需要的僅是**足夠的**資訊以決定該從何處開始分解。您可能已經對系統中最需要關注的部分有了一些想法，因此就功能的高階分組而言，為整體提供一個通用模型可能就足夠了，然後再選擇想要深入研究的部分。如果只單查看系統的一部分，則可能會錯過需要解決的較大系統性問題；這也是一直存在的危險。但是我不會痴迷於此，您不必第一次就做到這地步；只需要足夠的資訊即可進行下一步。隨著學習得越多，您可以（也應該）不斷修正領域模型使之完善，並在發佈過程中不斷更新以因應新功能。

事件風暴

由 Alberto Brandolini 創建的**事件風暴**，是一項技術人員以及非技術人員所組成的協作活動，共同定義了共享的領域模型。事件風暴由下而上進行，參與者從定義「領域事件」（系統中發生的事件）開始，然後將這些事件分組為內聚，又將內聚分組為邊界上下文。

有一點很重要的是，事件風暴的意思不是必須建構事件驅動的系統；相反地，它是著重在發生於系統內的（邏輯）事件，用以識別身為利益相關者所關心的事實。這些領域事件可以對映到事件驅動系統一部分的觸發事件，但可用不同的方法表示。

Alberto 真正用此技術關心的一件事為集體定義模型。這方法的輸出不僅僅是模型本身，更是對模型的**共同理解**。為了使此過程順利進行，您需要集齊合適的利益相關者於會議室中，而這通常才是最大的挑戰。

探索更多事件風暴的細節不在本書範圍內，但這是我使用過且非常喜歡的一項技術。若想要得知更多內容，可以閱讀 Alberto 的《*Introducing EventStorming*》（*https://leanpub.com/introducing_eventstorming*）（目前正在寫作中）。

使用領域模型進行優先排序

我們可以從圖 2-4 的圖表中取得實用的資訊。根據上下游的依賴項目來看，我們可以推斷出哪些功能可能更容易或困難提取。例如，如果提取通知功能，那我們可以清楚地看到有許多入站依賴關係，如圖 2-5 所示，系統的許多部份都有使用到通知的行為。如果想要提取新的通知服務，就需要對現有的程式碼進行大工程更動，從本地呼叫方式改為現有通知功能，以服務呼叫取代之。針對此類變更採用的多種技術將在第 3 章討論。

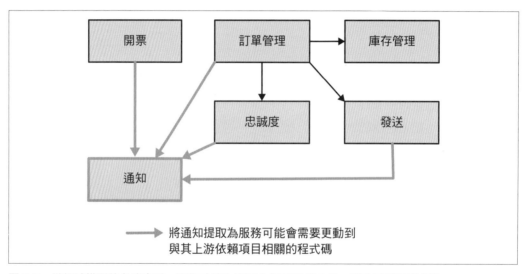

圖 2-5　從領域模型的角度來看，通知功能在邏輯上似乎是耦合的，因此可能更難提取

由此看來，從通知下手可能不是個好主意。另一方面，如圖 2-6 所示，開票可能是較容易從系統中提取的行為；因為沒有其他項目依賴於它，如此能減少對現有單體式系統的更動範圍。像絞殺榕這類的模式可能對於此種情況是有效的，因為我們能在入站呼叫到達單體式系統之前輕鬆地對其進行處理程序。在下一章節我們會探討此模式以及其他不同的模式。

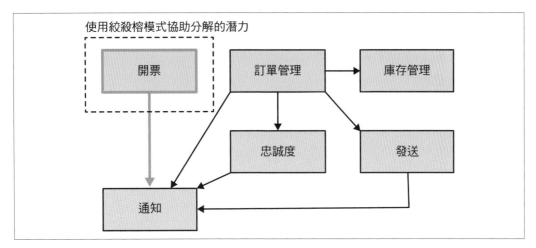

圖 2-6　開票似乎較容易提取

在評估提取的難度時，從這些關係開始著手是好方法，但是我們必須瞭解該領域模型代表的是現有系統的**邏輯**觀點，並不能保證單體式系統的底層程式碼架構是以此方式構造的。這意味著邏輯模型可以指引我們更多（或更少）耦合的功能，但仍然需要查看程式碼本身以更好的評估與當前功能之間的糾葛程度。領域模型不會告訴我們哪些邊界上下文將資料儲存在資料庫中，我們可能會發現開票管理著大量的資料，代表需要考慮分解資料庫的影響。如同將在第 4 章中討論到的應該將獨立的資料存儲區分開，但這對先前幾個微服務來說不見得如我們所想的那樣。

我們可以從看起來容易以及看起來很難的角度看事情，這是一項值得展開的舉動，因為希望從中獲得快速的勝利！但是我們必須記得將微服務視為實現特定目標的一種方式。而後也許會發現開票實際上是簡單的第一步，但倘若我們的目標是幫助縮短產品上市時間，並且開票功能幾乎不變，那在時間利用上並沒有達到最好的效益。

因此我們需要將簡易和困難事的看法與對微服務分解所帶來的好處結合起來。

結合模型

我們期望盡快獲得勝利、早期取得進展、增加動力並早期取得和方法有關的有效性回饋，如此能促使我們往選擇容易提取的項目之方向前進。但我們也需要從分解中獲取益處，那要如何綜合考量？

本質上來講，兩種形式的優先排序都合理，但我們需要的是一個將兩者視覺化以進行適當權衡的機制。我喜歡以簡易的結構來說明，如圖 2-7 所示。將要提取的每個候選服務，沿著水平和垂直兩個軸來放置。x 軸表示認為分解帶來的價值；y 軸表示根據難易度對項目進行排序。

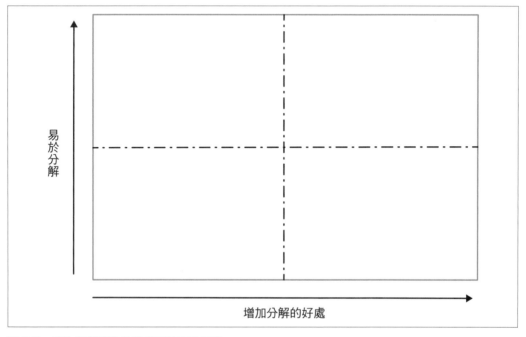

易於分解

增加分解的好處

圖 2-7　優先考慮服務分解的兩軸簡易模型

藉由過程中的團隊協作，您可以得出什麼可能為最佳提取的對象，如同象限模型一樣，右上方是我們喜歡的項目，如圖 2-8 所示。其中的功能（包含開票）代表了我們認為是容易提取的功能且能帶來一些好處。因此從其中選擇一到兩個服務作為第一個欲提取的服務。

當開始進行變革時您會學到更多，一些您認為是簡單的事情會變得很難；相反地，一些原本認為是困難的卻變得容易，這很正常，但卻意味著在重新瞭解優先排序工作和更多資訊後重新規劃是很重要的，也許當您漸漸縮小範圍時，會發現到通知可能比想像中的容易提取。

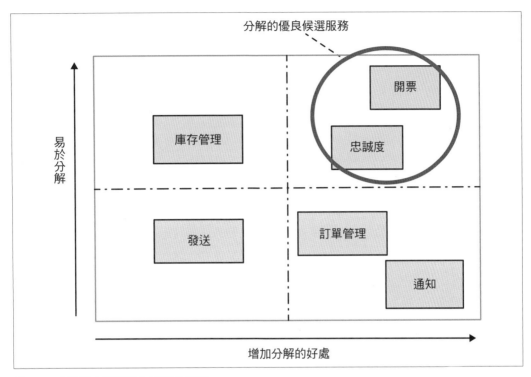

圖 2-8　象限圖上使用優先排序的範例

重組團隊

在本章之後，我們會把重點放在架構及程式碼進行需要的更改上，以實現成功的微服務轉移。但是正如我們已經探索的那樣，使架構和組織保持一致的立場是充分利用微服務架構的關鍵所在。

然而您可能面臨組織需要變革以利用新想法的情況，雖然深入研究組織變革超出本書範圍，但在更深入探討技術方面之前，我想要提供一些想法。

結構轉移

一直以來 IT 部門是以核心能力為中心而建的。Java 開發人員與其他 Java 開發人員身處一個團隊，測試人員也與其他測試人員在一個團隊；資料庫管理人員自己一個團隊。在創建軟體時，會從各個團隊指派人力從事這些通常短暫的計劃。

所以創建軟體的行為需要團隊間多次交手。業務分析員會與客戶交談並找出他們想要的是什麼，然後照需求開規格給開發團隊進行處理。開發人員完成後交付給測試單位，如果有發現問題會再送回開發團隊；如果測試沒問題，運作團隊就可以進行部署了。

這穀倉看起來很熟悉，如前一章中討論的分層架構。分層架構可能需要更動多個服務來進行簡易變革。同樣的原則也套用在組織穀倉：創建或變更軟體所需的團隊越多，所花費的時間就越長。

這些穀倉也許已經崩潰了，現今對於許多企業來說專門的測試團隊已成為過去式；反而測試專家正成為交付團隊的部分，好讓開發人員與測試人員更緊密合作。DevOps 團隊導致許多企業從中央營運團隊模式轉移，賦予交付團隊更多的營運責任。

在這些專用團隊的角色融入到交付團隊的情況下，中央團隊扮演的角色也漸漸轉移；他們從自我完成工作轉移到輔助交付團隊完成工作。這可能需要嵌入式專業於團隊中，能建立自助工具、培訓或其他一系列的活動；他們的責任已經從作事轉移成賦能。

我們逐漸看到越來越多獨立自主的團隊能夠承擔比以往更多的端到端交付週期，他們的焦點在於不同的產品領域而不是特定的技術或活動；就像我們正從技術導向的服務轉換到圍繞業務功能垂直面的服務模型。而現在需要瞭解的一個重點是，儘管這個轉變是多年來的明顯趨勢，但它不普遍也無法快速轉變。

不是單一的大小

在這章開頭，我們討論決定是否要使用微服務應該扎根於您所面臨的挑戰及想要帶來的改變。組織性結構的變革是重要的，瞭解組織是否需要變更及如何變更需要以您的內容、企業文化和員工為基礎。這也是為何複製他人的組織設計會變得格外危險的原因。

稍早我們曾快速談到 Spotify 模型。人們越來越關注 Spotify 如何自我組織，在 Henrik Kniberg 和 Anders Ivarsson 撰寫的 2012 年著名論文「Scaling Agile @ Spotify」（*http://bit.ly/2ogAz3d*）中有提到，這篇論文普及論到「小隊」、「地方分會」、「協會」的概念，這些術語現在在我們的行業中很普遍（儘管會被誤解）。至終，人們稱此為「Spotify 模型」，儘管 Spotify 從未使用過這個詞。

隨後這個架構廣受大量公司的採納，但與微服務一樣的是，許多組織都喜歡使用 Spotify 模型但並沒有充分瞭解其運作環境、他們的業務模式以及所面臨的挑戰或公司企業文化。事實證明，對於瑞典音樂流媒體公司而言，運作良好的組織結構可能不適用於投資銀行。除此之外，原始論文裡還簡短介紹了 Spotify 於 2012 年的運作方式及自此之後發生的變化，也揭示出連 Spotify 自己都不使用 Spotify 模型。

同樣的需求也適用在您身上，從其他組織的工作中汲取靈感當然沒有問題，但千萬不要以為對他人有幫助的東西在自己的背景下也會起作用。套用 Jessica Kerr 所說關於 Spotify 模型的一句話：「複製問題，而不是複製答案。」（*http://bit.ly/2AKTaXP*）。請效法您在做事和嘗試新事物的那種靈活及質疑的態度，並確保套用的變更深植於對公司、其需求、人員和文化的認識。

舉一個具體的例子，我常聽到許多公司對自己的交付團隊說：「好，現在你們需要部署軟體並 24 小時支援。」這是多麼令人難以置信和無助的話。有時說出大膽的言論可能會使事情進步，但也要為其帶來的潛在性混亂做好心理準備。如果您的工作環境是，開發人員朝九晚五並非隨時待命，從未在支援或營運環境中工作，甚至不知道 SSH 遠端連線；那麼此為使員工疏遠及減少許多人員的好方法。如果您覺得這是適合您公司的措施，那很棒！請將它當作一種想要實現的目標來談，並解釋原因，然後與您的員工一起努力實現該目標。

如果您真的希望擁有軟體整個生命週期的團隊，請瞭解團隊的技能需要改變，並培訓他們，增添人力到團隊中（也許透過將目前的營運團隊中的人員調到交付團隊中）。無論希望改變什麼，都可以像軟體一樣，漸進實現目標。

DevOps 並不等於 NoOps！

對於 DevOps 普遍存在著困惑，有人認為它是指開發人員執行所有操作，不需執行人員；事實並非如此。DevOps 根本來說比較像是一種文化運動，以突破開發者和執行者之間的障礙為基礎。您可能仍然需要專家的角色在其中，又或者不需要，但是無論您想要做什麼，都希望促進交付軟體相關人員之間的共識與瞭解，不論其具體職責為何。

有關更多信息，我推薦《*Team Topologies*》[9]，它探討了 DevOps 的組織性架構。另一本出色但涉及範圍較廣的書籍為《*The DevOps Handbook*》[10]，繁體中文版《*DevOps Handbook* 中文版｜打造世界級技術組織的實踐指南》由碁峰資訊出版。

9　Manuel Pais 和 Matthew Skelton 的《*Team Topologies*》（IT Revolution Press, 2019）。

10　Gene Kim、Jez Humble 和 Patrick Debois 的《*The DevOps Handbook*》（IT Revolution Press, 2016）。

做出改變

如果您不只是複製他人的結構,那應該從哪裡開始?當與正在改變交付團隊角色的組織合作時,我想從明確列出該公司內部交付軟體涉及的所有活動和職責開始;接下來就是將這些活動對映到現有的組織結構中。

倘若生產路徑已經有雛型了(是我非常支持的事),則可以在現有觀點上覆蓋這些所有權邊界。另外,如圖 2-9 所示的一些簡單對象也可以正常工作。就是讓利益相關者脫離所有參與的角色,然後一起腦力激盪討論公司運送軟體的所有活動。

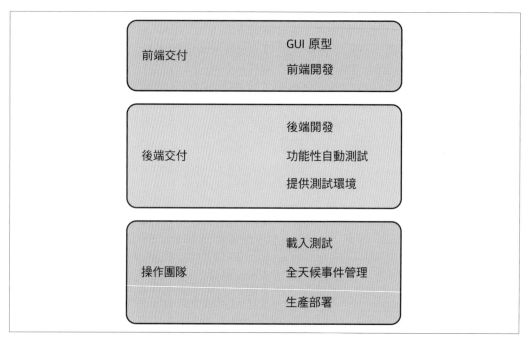

圖 2-9　顯示與交付相關職責的子集合,以及如何對映到現有團隊

對目前「現狀」的理解是非常重要的,因為它能幫助每個人對所涉及的工作有共同的瞭解。獨立運作的組織特性是,當處於不同的單位時,很難理解該單位的運作模式。我發現這確實可以幫助組織在事物變化的速度上誠實以待,您會發現不是所有團隊都是相等的,有些團隊可能為自己完成了許多事,但有些團隊可能完全依賴其他團隊進行從測試到部署的所有工作。

如果發現交付團隊已經在為測試和使用者測試的目的自行部署軟體，那距離進行生產部署的步驟就不遠了。另一方面，您仍然必須考慮承擔一級支持（攜帶對講機）、診斷生產問題等等的影響。這些技能是前人經年累月的工作經驗累積而成，要期待開發人員在一夜之間趕上它是不切實際的。

有了現狀的圖畫後，請在合理範圍的時間軸上重新規劃未來願景。我發現六個月到一年的時間可能與您要詳細探討的時間相去甚遠。哪些職責正在交接？您將如何轉變？要實現轉變需要什麼？團隊需要什麼新技能？您想要進行的各種變革優先順序為何？

看一下早先的例子，如圖 2-10 所示，我們決定將前後端團隊職責合併，同時也希望他們能夠提供自己的測試環境。但是要做到這一點，操作團隊需要提供一個自助平台給交付團隊使用。我們期望交付團隊最終能夠處理對其軟體的所有支援，進而使團隊更加滿意於涉及的工作。擁有自己的測試部署是好的開始，我們還決定讓他們在工作日期間處理所有事件，使其有機會在安全的環境下加快程序，而現有的操作團隊也會指導他們。

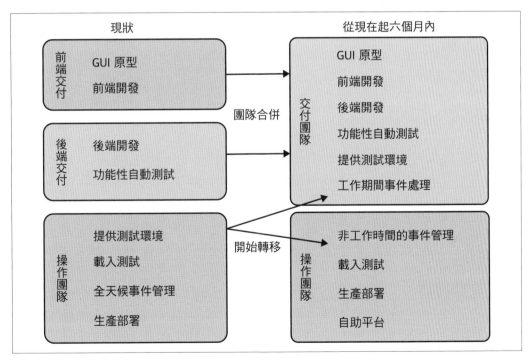

圖 2-10　我們可能希望在組織內重新劃分職責的示意圖

在剛開始要進行變革時，宏觀圖確實提供幫助，但還需要花時間與本地人一起確定這些更改是否可行，如果可行，那要如何進行？透過將事情劃分為特定的職責，可以採用漸進式方法來實行變革。對您來說首要的是集中精力消除操作團隊提供測試環境的需求，這才是正確的第一步。

改變技巧

當談及人們需要的評估技能以及幫助他們縮小差距時，我非常喜歡讓人們自我評估，以此加深對於團隊進行變革所需之支持的理解。

一個具體的例子是我在 ThoughtWorks 工作期間曾參與的一個項目。我們被僱來幫助 *The Guardian* 報社重建在線形象（將在下一章介紹）。為此，他們需要趕上新的程式語言和相關技術的步伐。

在此項目開始時，我們聯合團隊提出了一系列對於 *The Guardian* 開發人員相當重要的核心技能。然後每個開發人員依據這些標準進行自我評估，從 1（代表「這對我毫無意義！」）到 5（代表「我可以寫成一本書」）評分。每個開發人員的分數都是隱密的，只有他們的指導者知道。這個目的不是要他們每項技能都到達 5 分，而是要讓他們設定更多目標並努力達到。

身為一名教練，我的職責是當一名受訓的開發人員想要提升 Oracle 技能時，確保他們有機會達到，可能包含利用該技術的事、推薦觀看的影片、考慮參加培訓課程或會議等。

您可以使用此程序來將人們希望專注的時間和精力視覺化成一張圖。在圖 2-11 中看到的例子是我很想將自己的時間和精力集中在發展 Kubernetes 和 Lambda 的經驗上，這也許表示我現在必須管理自己部署的軟體；突顯出您滿意的領域也同樣重要；就像這張圖顯示的，我覺得 Go 語言不是我現在需要專注的領域。

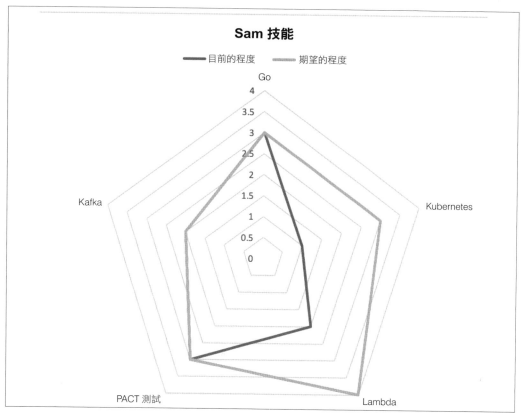

圖 2-11　技能圖表示例，顯示我要改進的領域

保密自我評估是極其重要的，關鍵不是要別人為自己打分數；而是為了幫助人們指導自我發展。若是將它公開，那會大大影響練習的數值。突然間人們可能會擔心自己的分數太低而影響績效考核。

雖然分數是不公開的，但是仍然可以用來建立整個團隊的形象。獲得匿名的自我評估，並為他們制定技能圖，如此可以顯示出需要系統性解決的差距。圖 2-12 顯示，雖然我可能對於自己的 PACT 測試技能水平感到滿意，但總體而言，團隊希望在該領域上更往前；而 Kafka 和 Kubernetes 則是另一個重點關注的領域。這也許需要進行小組學習，及更多投資在舉辦內部訓練課程。與您的團隊共享整體狀況也能幫助個人瞭解如何在團隊中取得平衡。

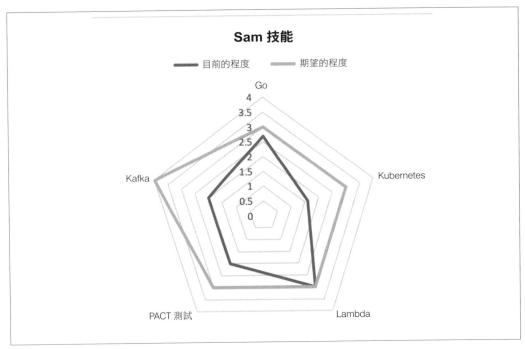

圖 2-12 從整體角度看團隊需要提高的 Kafka、Kubernetes 及 PACT 測試技能

當然,改變現有團隊成員技能並不是唯一的前進方向。我們通常對準的目標是整個交付團隊承擔更多責任,不一定要每個人都做更多的事。正確的答案是將擁有所需技能的新成員加入團隊。您可以聘請專精於 Kafka 的人才加入團隊,而不是幫助開發人員學習更多 Kafka 相關的知識。這能解決短期問題,在團隊內您也擁有了一位能協助其他成員在該領域中學習進步的專家。

關於此主題有更多的內容可以探索,但我希望所分享的內容已足夠幫助入門。開始於對您的人員、文化以及使用者需求之瞭解,一定要從其他公司的研究案例中得到啟發;但如果盲目複製別人問題的解決方案最終卻發現對您沒有效果,也不要感到驚訝。

要如何確認轉移是否有效?

我們都會犯錯。即使您全心全意地投入微服務之旅,也必須接受您無法瞭解所有內容的事實,並且在某個時刻可能還會意識到無法解決的事。問題是:你知道它是否有效嗎?哪裡出錯了呢?

根據希望取得的成果，應該嘗試定義一些可以追蹤並幫助回答問題的措施。我們短時間內會探索一些措施的例子，但我想要藉這個機會強調一件事：在這裡我們不僅僅談論定量指標，還需要考量工作人員的定性回饋。

這些定量和定性措施應有助於進行中的審查過程。您需要建立檢查點，讓團隊有時間思考是否朝著正確的方向邁進，在這期間問自己的問題不僅是「這有用嗎？」，而是「我們是否應該嘗試其他方法？」。

一起來看看您要如何管理這些檢查點活動，以及可追蹤的措施範例。

定期檢查點

任何轉移中的部分，重要的是在交付過程中爭取一些時間暫停反思、分析可用信息並確認是否需要變更。對於小規模團隊而言，這可以是非正式，也可作為常規的回顧性演練；對於較大的工作計畫，可能需要按照常規節奏將它們計劃為明確的活動，也許能將各活動的領導人召集在一起進行每月一次的會議，以審查事情的進展狀況。

無論您進行演練的頻率如何、正式或非正式，我都建議您確保涵蓋以下內容：

1. 重述您預期轉移至微服務的目標。如果公司改變了方向，使您努力的方向不再具有意義，那請停下來！
2. 審查所有定量措施，看看是否有進展。
3. 要求定性回饋——大家認知事情還在進行中嗎？
4. 決定今後要進行哪些變更。

定量措施

選擇追蹤進度的措施取決於想要實現的目標。例如，如果是在意縮短產品上市時間，則可以衡量週期時間、部署數量以及故障率。如果是為了嘗試擴展應用程序以處理更多負載，那合理的決定是回報最新的性能測試結果。

值得一提的是指標可能很危險，有一句古老的諺語說：「你得到了測量的結果」。指標可能是有意或無意間衡量的。我記得我妻子曾告訴我一件事，在她服務的公司是根據關閉的票據數量追蹤外部的供應商，以及根據此結果付款。但發生了什麼事？即使問題沒有得到解決供應商也會關閉票據，使得人們只好開新的票據。

在短時間內更改其他指標可能很難。如果您在前面幾個月的微服務遷移中即看到週期的改善，我會感到驚訝；事實上，我預期剛開始時反而會變得更糟。當團隊採用新的工作方式加快速度時，發現短期內工作模式的改變通常會為生產力帶來負面影響。這也是為何要採取漸進步驟重要的原因：變更幅度越小，潛在的負面影響也越小；即便發生問題也能快速地解決。

定性措施

「…軟體是由感覺組成的。」

—Astrid Atkinson（@shinynew_oz）

無論數據顯示的是什麼，軟體都是由人們建立的，所以將他們的反應包含在成功性的評估很重要。他們享受這個過程嗎？他們是否感覺到被賦予權力？還是他們無法負荷？他們是否在承擔新的職責或學習新技術上得到支援？

當為了微服務遷移而向高層人員報告計分卡時[11]，您應該對團隊工作內容進行合理的檢查。如果他們是喜愛的那很好；但若不喜歡，就需要做一點事情了。忽略員工的訴求而只單單仰賴定量指標將使自己陷入窘境。

避免沉沒成本謬誤

您需要意識到沉沒成本謬誤，進行審核流程是確保您誠實以待及避免陷入這種現象。當人們對以前的方法投入大量精力去完成某事，即使有證據顯示該方法無效仍去作，那**沉沒成本謬誤**就會發生。有時我們會為自己辯護：「它隨時都會改變！」其他時候可能是組織內部已投入大量政治資本了，我們無法退縮了，怎樣都要變更。不管怎麼說，關於情感投資的沉沒成本謬誤無疑是有爭議的：「有一種傳統的思維模式深植於我們，以致不能放棄它」。

以我的經驗來說，賭注越大伴隨的聲望也越大，出問題時就越難退出。沉沒成本謬誤也被稱為協和式謬論（以英國和法國政府合力投資建造、但最終宣告失敗的超音速客機來命名），儘管所有證據顯示此項目無法帶來財務回饋，越來越多的錢還是投入其中。無論協和式客機在工程上有多卓越的突破，它從未被當成商用客機使用。

11　是的，這已經發生了。這並不是樂趣、遊戲或 Kubernetes…。

如果將每一步縮小為一小步，則可以輕鬆避免掉入沉沒成本謬誤的陷阱，也容易改變方向。使用前面討論的檢查點機制來反思目前正在發生的事，無須在有問題的跡象時就退回去或更改路線；但是與初期收集任何證據相比，忽略收集關於成功實現（或以其他方式）改變所取得的證據更愚蠢。

接受新方法

如果您已經走到這一步，希望您不會感到驚訝，拆解單體式系統可能含有多重變數，所以我們可以採取多種不同的路徑。但可以肯定的是，並非所有事情都會順利進行，您需要恢復所作的更改、嘗試新事物、或有時讓事情安頓好以利瞭解產生的影響。

如果您堅持不斷進步的文化，總是要嘗試新事物，那麼需要時變更方向再自然不過了。如果您把變革跟改進流程的概念當作是不連續的工作流，而不把它建立在您所做的工作上，那麼您有可能把變革當作一次性的交易活動了。完成工作後就可以了！對我們來說沒有其他變更！這種思考方式為，幾年後要如何超越競爭者並爬上另一座山。

結論

本章涵蓋了多重基礎，研究了您為何要採用微服務架構、該如何決定影響優先順序安排的方式，以及在團隊判定微服務究竟適不適合前必須反思的幾個關鍵問題，重複這些問題有：

- 您期望達到什麼目標？
- 您是否考慮過使用微服務的替代方案？
- 您要如何得知遷移是否有效？

此外，不要誇大採用漸進式方法提取微服務的重要性。錯誤是無可避免的，假如一定得犯錯，那寧可犯小錯也不要鑄成大錯。漸進式分解微服務架構的遷移可確保我們犯的錯誤很小、容易糾正。

大多數的人仍使用具有真實客戶的系統。我們無法花上數月甚至數年的時間大規模改寫應用程式，而讓客戶目前使用的程式處於閒置狀態。目標應該是逐步建立新的微服務，將其部署為生產解決方案的一部分，以便開始從經驗中學習並盡快獲取利益。

我非常清楚一件事，就是擴展到新服務的功能，唯有在正式投入生產並被使用時才算完成。在實際使用前幾項服務的過程中會學到很多東西，這該是您初期的重點。

上述代表我們需要開發一系列能夠建立新的微服務之技術,並整合到縮小的單體式系統中,然後交付生產。接下來要研究的是如何進行這項工作的模式,同時又能繼續保持系統的正常運作為客戶服務,以及擴展使用新功能。

第三章

分割單體式系統

第 2 章我們探討了如何思考微服務架構遷移之事，或更具體的說，我們探討了這是不是個好主意，如果是，那麼在推出新的架構時，該如何執行並確定你是朝正確的方向前進。

我們已經討論了優質服務的外形以及為何小型服務對我們更適合的原因；那接下來我們要如何處理那些已存在大量不遵循這些模式的應用程序呢？要如何以不須大規模改寫的方式去分解單體式系統？

在本章的其餘部分中，我們將探索能幫助採用微服務架構的各種遷移模式和技巧。我們將研究適用於黑匣子供應商軟體、傳統系統或計劃要繼續維護發展的單體式系統之模式；但要使漸進部署正常工作，則必須確保可以繼續使用現有的單體式系統軟體。

請記住我們是要漸進遷移、逐步遷移到微服務架構，使我們從過程中學習並在需要時能改變主意。

是否要改變單體式系統？

遷移過程中首先要考慮的一點是，您是否計畫（或能夠）改變現有的單體式系統。

如果您有能力變更現有系統，這將提供各種可用的最大靈活性；但是在某些情況下會有嚴格的約束條件進而剝奪這個機會。現有系統也許是個無原始碼的供應商產品，也可能是由不再持有的技術編寫而成的。

可能還有一些軟體驅動程式讓您不願變更現有系統。當前的單體式系統可能狀態已非常糟造成過高的變更成本，導致您想要減少損失並重新開始（儘管正如我前面所詳述的，我擔心人們會輕易地下此結論）。另一種可能性是單體式系統本身是由多人運作處理的，而您擔心會妨礙到他人。某些模式（如稍後將探討的「按抽象分支」模式）可以減緩這些問題，但仍可以判斷出對其他人極大的影響。

有一個難忘的經驗是我與一些同事合作，幫助擴展計算繁重的系統。底層計算是由我們提供的 C 語言函式庫執行，收集各種輸入、傳遞到函式庫、檢索並儲存結果。函式庫本身充滿問題，內存漏洞和極其低效的 API 設計是造成問題的兩大主因。因此我們要求函式庫的原始碼以解決此問題有好幾個月了，卻遭到拒絕。

多年後我遇到項目發起人，並問了他為什麼不讓我們更改底層函式庫。贊助商終於承認他們丟失了原始碼，太難為情以致不敢讓我們知道！千萬別讓這種事發生在您身上。

希望我們的處境是可以使用並更改當前單體式系統程式碼庫的。但若不行，是否表示被困住了？不，恰恰相反！很快我們會介紹一些能提供幫助的模式。

剪下、複製或重新實現？

即使您可以存取單體式系統中的現有程式碼，當開始遷移功能至新的微服務時，也並非能清楚的知道要如何處理它。那我們應該要按原樣移動程式碼，還是重新實現功能？

如果現有的單體式系統程式碼庫分解得夠好，則可以透過搬移程式碼的動作節省大量時間。關鍵是要了解欲從單體式系統中**複製**的程式碼為何，並非刪除（至少現階段）功能。為什麼呢？因為將功能暫時保留在單體式系統中能提供更多選擇，可以告知還原點、或能同時執行兩種實施。更進一步說，當您對遷移感到成功、滿意，那就可以從單體式系統中刪除此功能了。

重組單體式系統

我發現在新的微服務中使用單體式系統當前程式碼最大的障礙，通常是傳統程式碼並非以業務領域觀念為中心組織而成，技術分類更為突出（例如，請回想你看過的「模型」、「視圖」、「控制器」程序包名稱）。當想要移動業務領域功能時，可能會發生與現有的程式碼庫和分類不匹配的困難，因此找出要移動的程式碼也是一門學問！

如果要沿著業務領域邊界重新組織現有的整體架構，那麼強烈推薦 Michael Feathers 的《*Working Effectively with Legacy Code* 中文版：管理、修改、重構遺留程式碼的藝術》（Prentice Hall, 2004）。Michael 在他的書中定義了縫隙的概念，就是不需編輯現有行為即可更改程序行為的地方。實際上可以在要更改的程式碼周圍定義縫隙，並在接縫上進行工作，更改完成後將其換入。他具有可以安全處理縫隙的技術，幫助清理程式碼庫。

雖然 Michael 的縫隙觀念通常應用廣泛，但也與第一章討論的邊界上下文非常吻合。因此《管理、修改、重構遺留程式碼的藝術》並非直接引用領域驅動的設計概念，但您可以使用其中的技術按照這些原則來編組程式碼。

模組化單體式？

一旦開始理解現有程式碼庫之後，下一步顯然是要思考採用新定義的縫隙，萃取它們為獨立的模組，使單體式系統成為**模組化單體式**。您仍然只有一個部署單元，由多個靜態連結的模組組成。這些模組的特性取決於底層技術堆疊；以 Java 來說，其模組單體式由多個 JAR 檔案組成；而 Ruby 應用程式可能就是 Ruby gems 的集合。

如同我們在本書中開始簡要提到的，將單體式系統分解為可獨立部署的模組能帶來諸多好處，同時又可避免微服務架構的許多挑戰，是不少公司的絕佳選擇。我已與多個開始將單體式系統模組化的團隊交談過，他們期望最終能轉向微服務架構，卻發現模組化單體式即能解決大部分的問題！

漸進重寫

我通常傾向先嘗試挽救現有程式碼庫，然後再重新實現功能；而我在《建構微服務》中給出的建議也遵循此準則。有時候團隊會從工作中發現到足夠的利益，因此一開始就不需要微服務！

必須承認的一點是，我發現到實際上很少有團隊採用重構單體式系統的方法來遷移微服務；反之更常見的是，團隊一經確立新創建的微服務之職責時，就會開始實現其功能。

但如果開始重新實現功能，就能避免重複發生爆炸性重寫問題的危機嗎？關鍵是要確保一次只能重寫小部分功能並定期將重新設計過的功能交給客戶。如果重新實施服務行為的工作需要幾天或幾週，那還不錯；但若是要好幾個月，那可能就需要重新審視方法了。

遷移模式

我見過微服務遷移的一部分使用了許多技術，本章我們也將探討一些模式，研究它們在哪些方面有用以及如何實現。請記住，與所有模式一樣，這些並不是普遍的「好」主意。我試圖提供足夠的資訊讓大家參考，幫助了解它們在您的情形中是否有意義。

 確保了解每種模式的利弊，它們並不是普遍的「正確」做事方式。

我們將從研究能遷移並整合到單體式系統的技術開始，主要處理應用程序程式碼所在的位置。首先介紹最有用也最為普遍使用的技術——絞殺榕應用程序。

模式：絞殺榕應用程序

經常使用於系統重寫的一種技術稱為絞殺榕應用程序（*http://bit.ly/2p5xMKo*）。這模式是由 Martin Fowler 從無花果種在上部樹枝所取得的靈感，無花果而後下降到地面生根，逐漸包圍原來的樹；而現有的樹初期成為新無花果的支撐，到了末後階段，原來的樹會死去且腐爛，獨留自我支撐的新無花果。

在軟體方面，與此相似的是新系統最初應由現有系統支持並包裝，讓新舊系統可以共存，也為新系統爭取時間成長以汰換舊有系統。此種模式的關鍵好處是支持我們的目標，即允許漸進遷移至新系統；而且能使我們完全暫停甚至停止遷移，同時還可以利用當前進度的新系統。

當在軟體中實現此一想法時，很快就會看到我們不僅需要努力朝著新的應用程序架構逐漸邁進，還要確保每一步都是容易可逆的，以降低風險。

如何運作

絞殺榕模式通常適用於從一個單體式系統遷移到另一個系統，但我們將尋求從單體式系統遷移到微服務。這可能涉及到複製單體式系統中的程式碼（如果可以），或者重新實現討論的功能。另外，如果討論的功能需要持久的狀態，則需要考慮如何將該狀態遷至新服務或遷回。我們將在第四章中討論與資料相關的各個面向。

如圖 3-1 所示，實施絞殺榕模式需要三個步驟：首先確定現有系統中要遷移的部分，使用我們在第二章中討論的權衡活動來判斷當前需要先解決系統的哪個部分。接著在新的微服務中實現此功能，當新實現預備好之後，需要將呼叫從單體式系統轉移到新的微服務。

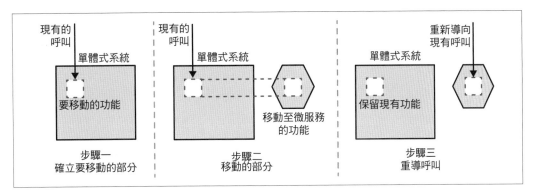

圖 3-1　絞殺榕模式概念圖

值得注意的一點是，在重新導向對轉移的功能呼叫之前，即使新功能已經部署到生產環境中，其技術也還不會被啟用。這意味著可能會花一些時間在正確實現該功能及套用變更於生產環境，在知道它尚未被使用的情況下，讓我們對新服務的部署和管理方面感到滿意。一旦新服務實現了與單體式系統等效功能，您可以使用平行運作的模式（稍後將進行討論），確保新功能可以如期運行。

 將部署和發行的觀念分開很重要。已部署到特定環境的軟體不代表正被客戶使用。藉由把這兩件事分開來看，可以在最終生產環境，使用軟體前進行驗證，從而降低推出新軟體的風險。諸如絞殺榕、平行運作以及金絲雀釋出之類的模式就是利用了部署和發行為獨立活動之事實。

絞殺榕應用程序方法的關鍵不僅在於可以漸進遷移新功能到新系統，有需要時還能容易退回變更。請記得，人都會犯錯，因此我們希望使用的技術是能使我們以最小損失犯錯（因此有很多小步驟），並能立即糾正回來。

倘若正在提取的功能也被單體式系統內部的其他功能使用，那麼你還需要調整那些呼叫的方式，稍後將介紹相關技術。

應用在何處

絞殺榕模式可以讓您將功能遷移至新的服務架構上,而無須對系統做任何更改,如此一來,當其他人正在使用現有的單體式系統時,可以減少爭奪。當它實際上是黑盒子系統(例如第三方軟體或 SaaS 服務)時也非常有用。

有時您可以一次提取完整的端到端功能片段,如圖 3-2。除了對資料的擔憂外,大大簡化了提取過程,我們也將在本書後面部分進行介紹。

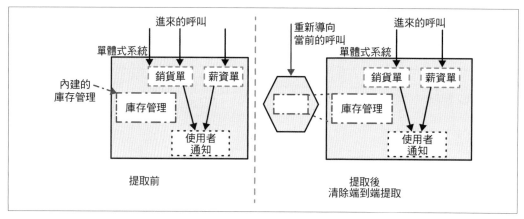

圖 3-2　庫存管理功能的簡易端到端抽象概念

為了乾淨俐落地執行端到端提取,您可能傾向提取較大的功能組來簡化這個過程。不過這會導致一種棘手的平衡行為,即提取較大的功能組會使您承擔更多工作,但可能也會簡化整合挑戰。

如果想要小小嘗試,那您需要考慮「表面」的提取,如圖 3-3 所示。儘管薪資單服務使用到單體式系統內部的其他功能(在此範例中為發送用戶通知功能),但我們在這裡仍然是提取薪資單功能。

與其重新實現用戶通知功能,不如從單體式系統公開此功能給新的微服務,這顯然需要對其進行變更。

但是為了使絞殺榕模式進行正常的工作,需要清楚地將呼叫對應到要移動的功能。舉例來說,在圖 3-4 中,理想情況下是希望能將使用者通知的功能轉移到新服務中。然而當多個呼叫單體式系統進來時會觸發通知功能,造成無法從系統外部重新導向呼叫;因此我們需要研究一種類似第 95 頁「模式:抽象分支」中提到的技術。

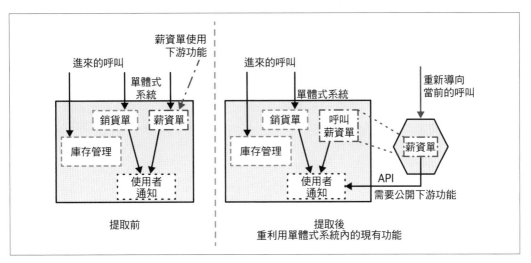

圖 3-3　提取仍需要使用單體式系統內部的功能

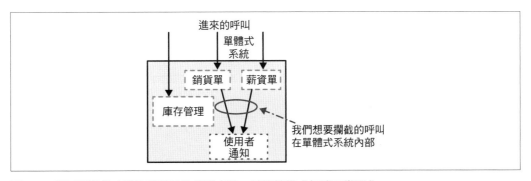

圖 3-4　當要移動的功能位於系統內部深處時，絞殺榕模式無法正常運作

您還需要考慮呼叫現有系統的性質，我們之後將會探討適合重新導向的 HTTP 協定。

HTTP 本身具有內建重新導向的透明化概念，可用來清楚地了解進來的請求性質並對其做相對應轉移。其他類型的協議（例如某些 PRC）就不太合適重新導向。需要在代理層中執行越多的工作來了解並潛在地轉換收到的呼叫，此選項就越不可行。

儘管有這些限制，但絞殺榕應用程序一再證明自己是個非常有用的遷移技術。在探索如何遷移系統時，輕巧易用且易於處理漸進更改的方法通常是我的第一步。

範例：HTTP 反向代理伺服器

HTTP 有一些有趣的功能，其中之一為能輕易對系統的呼叫完全攔截和重新導向。也就是說具有 HTTP 介面的單體式系統可以透過使用絞殺榕模式進行遷移。

在圖 3-5 中是一個具有 HTTP 介面的公開系統，該應用程序可能沒有頭或者實際上是由上游 UI 所呼叫的。無論哪種方式都有同樣的目標，就是在上游呼叫和下游單體式系統中間插入 HTTP 反向代理伺服器。

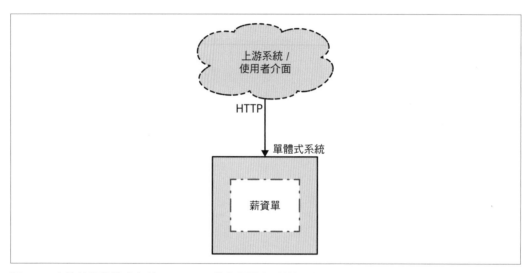

圖 3-5　實施絞殺榕模式之前，HTTP 驅動的單體式系統概述

步驟一：插入代理伺服器

除非您已經有可以重複使用的適當 HTTP 代理伺服器，否則建議您首先使用一個 HTTP 代理伺服器，如圖 3-6 所示。在第一步中，代理伺服器允許任何呼叫通過且無須更改。

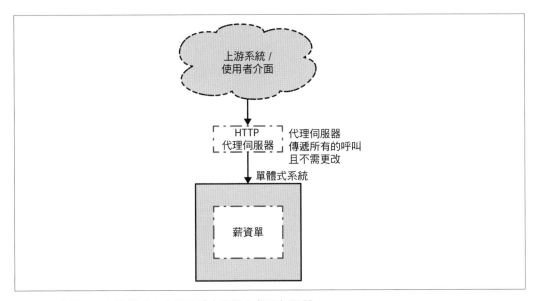

圖 3-6　步驟一：在單體式和上游系統之間插入代理伺服器

此步驟能幫助您評估在上游呼叫和下游系統之間插入額外的網路躍點的影響，架設對新組件需要的監督並放置一段時間。從延遲的觀點來看，在處理所有呼叫的路徑中，我們將添加一個網路躍點和進程。在良好的代理伺服器及網路的幫助之下，您可以期望將延遲的影響降到最低（也許只在幾毫秒之差）；但如果事實並非如此，您有機會停止並檢查問題所在。

若已經在單體式系統前端放置了現有的代理伺服器，則可以跳過此步驟，但一定要確保您了解如何重新設定代理伺服器以便之後重新導向呼叫。我建議至少需要重新導向，以確保它能如期工作，再假設之後會完成。如果您打算立即發送新服務，會發現這是不可能的事！

步驟二：遷移功能

有了代理伺服器，接下來可以開始提取新的微服務，如圖 3-7。

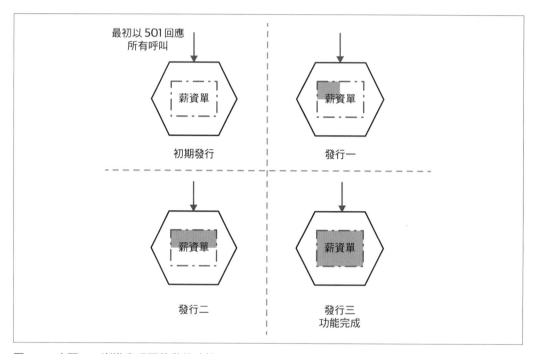

圖 3-7　步驟二：漸進實現要移動的功能

此步驟可分為多個階段，首先在還沒實現任何功能的情況下啟動並運行基本服務。服務將需要接受與功能匹配的呼叫，但是在這個階段，您可以只回傳 501 未實現。即使在這一步，我也會將該服務部署到生產環境中，使您可以熟悉生產部署過程，也能就地測試服務。此時您的新服務尚未**發佈**因為還沒對當前的上游呼叫重新導向。事實上，將軟體部署的步驟跟發佈軟體分開是常見的技術，這部份我們稍後介紹。

步驟三：重新導向呼叫

只有完成所有功能的重新配置，代理伺服器即可重新導向呼叫，如圖 3-8。如果意外失敗了，則可將重新導向退回，這對大多數的代理伺服器來說是一個非常快速且容易的過程，能迅速回復。

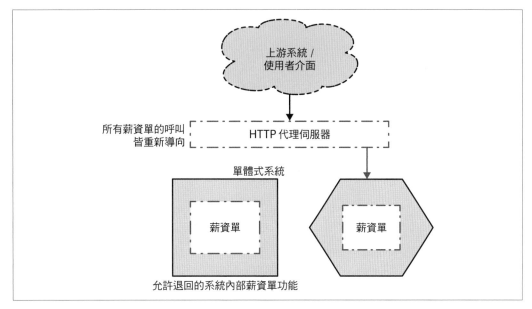

圖 3-8　步驟三：將呼叫重新導向至薪資單功能完成遷移

您可能決定使用功能切換的方法來重新導向，使所需的配置狀態更加明顯。利用代理伺服器重導呼叫也是考慮藉著金絲雀釋出或漸進式平行推出新功能的絕佳位置，此為本章討論的另一種模式。

資料？

目前為止尚未講到資料。圖 3-8 中，如果新遷移的薪資服務需要存取儲存在單體式系統資料庫裡的資料該怎麼辦？我們將在第 4 章全面性討論這部分的問題。

代理伺服器選項

代理伺服器的實現方式部份取決於單體式系統使用的協定。如果系統使用的是 HTTP，那會是很好的開端。HTTP 是受廣泛支持的協定，以致於在管理重新導向上有大量選擇。我也許會選擇像 NGINX 這類的專用代理伺服器，是在考量個案的情形下創建的，並且可以支持多種經測試為良好的重導機制。

某些重新導向較簡單。例如圍繞 URI 路徑進行的重新導向也許就像利用 REST 資源所展示的那樣。在圖 3-9 中，我們將整個銷貨單系統移動到新服務上，易於從 URI 路徑中解析。

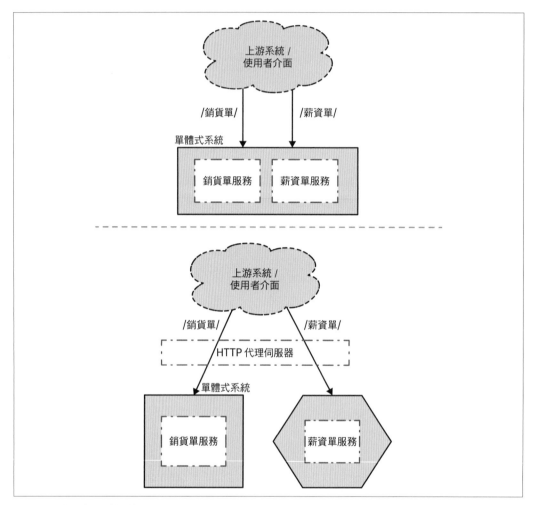

圖 3-9 透過資源重新導向

但是如果現有系統在某請求之處（也許是表單參數中）埋入關於被呼叫之功能的訊息，那重新導向的原則須要能夠打開在 POST 中可能的參數，就有可能會更加複雜。當遇到此種情況時，檢查可用的代理伺服器選項，以確保它們能夠處理此問題。

如果攔截和重新導向的特性較為複雜，或者在單體式系統使用了較不支援的協定下，您可能會想要自己編寫一段程式碼，但這該是非常謹慎的。我之前寫過幾個網路代理伺服器（一個用 Java，另一個用 Python），雖然這可能說出我的編碼能力較其他方面好，但在這兩種情形下代理伺服器的效率都極低導致系統延遲時間的增加。如今如果需要自定

行為，則會建議將其添加到特定的代理伺服器中，例如 NGINX 允許使用 Lua 程式語言
來添加自行定義的行為。

漸進推行

如圖 3-10 所見，此技術允許透過一系列的小步驟做出架構性改變，且每一個小步驟皆可
與系統上的其他工作一起完成。

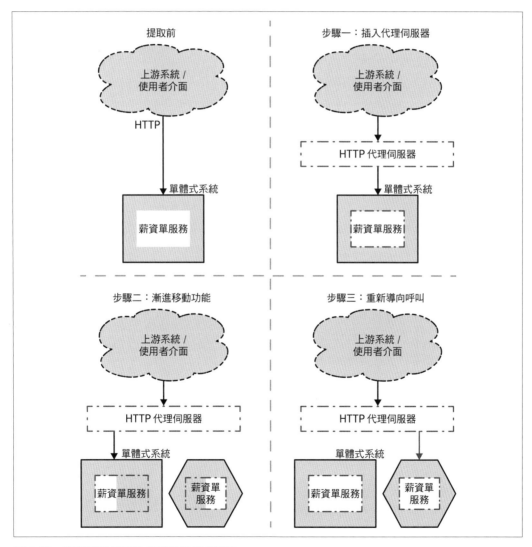

圖 3-10　實現基於 HTTP 的絞殺榕模式概述

如果您認為切換到新的薪資功能實現仍舊太大,那麼在這種情況下可以使用較小的功能。舉例來說,可以考慮僅遷移部分的薪資功能並適當地轉移呼叫;也就是說部分的功能推行到單體式系統中,而另一部分在微服務實現,如圖 3-11 所示。倘若單體式系統與微服務內的功能皆須要查看相同的資料,可能會造成問題,因為這需要共享資料庫。

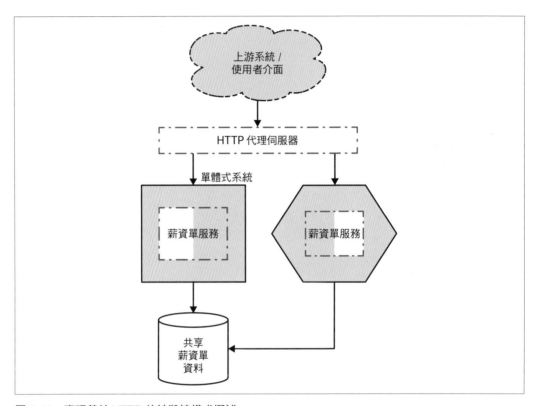

圖 3-11 實現基於 HTTP 的絞殺榕模式概述

無需爆炸性的工作量,也不須重新啟動平台,即可以將工作分為與其他交付工作一樣容易的階段。不要將待完成的工作分為「功能」和「技術」兩類,而應當將所有工作放在一起;漸進更改體系架構,同時也能提供新功能。

變更協定

除此之外，還可以使用代理伺服器轉換協定。例如，當前您用的是基於 SOAP 的 HTTP 介面，但是新的微服務將改為支援 gRPC 介面，這樣就需要設定代理伺服器以相應轉換請求和回應，如圖 3-12 所示。

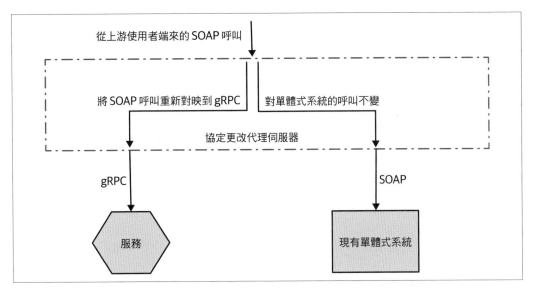

圖 3-12　使用代理伺服器變更通訊協定以作為絞殺榕模式遷移的一部分

我確實對這種方法有些擔心，主要是因為代理伺服器本身的邏輯變得越來越複雜。對於單個服務看似不錯，但是如開始轉換多個服務的協定，則在代理伺服器中完成的工作會越來越多。通常我們會優化服務的可獨立部署性，但是如果有多個團隊需要編輯共享的代理層，則可能會減緩部署更改的過程。我們需要謹慎，而非僅添加新的爭議資源。在討論微服務架構時常聽人說「保持管道愚蠢，使端點智能」的話；意思是希望減少推送到共享中間層的功能，因為這確實會減慢功能開發的速度。

如果要遷移使用的協定，我寧可將其對映到服務本身，但該服務要同時支援舊有和新的通訊協定。舊協定的呼叫可以在服務內部重新對映到新協定，如圖 3-13 所示。這避免了管理其他服務使用的代理層內之變更的需要，隨著時間的變化，並使該服務完全控制此功能。您可以將微服務視為網路端點上的功能集成，可透過不同的方式向不同的使用者公開相同的功能。藉由支援服務內不同的信息或請求格式，我們基本上能滿足上游客戶的不同需求。

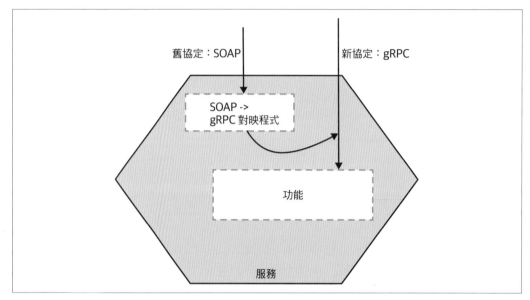

圖 3-13 如果要更改協定類型，考慮讓服務通過多種協定公開其功能

透過將特定服務的請求和回應對映到服務內部能使代理層保持簡單且更普遍。除此之外，藉由提供兩種類型端點的服務，可以在淘汰舊 API 之前爭取時間遷移上游使用者。

服務網格

在 Square 他們採用了一種混合方法來解決此問題[1]。他們決定從自己的本地 RPC 機制遷移至服務到服務的通訊，轉而採用 gRPC，一個帶有廣泛生態系統且受支援的開源 RPC 框架。為了盡力減少痛苦，他們希望減少每個服務中需要的更改量，因而使用了服務網格。

服務網格的使用如圖 3-14 所示，每個服務介面透過自己專用的本地代理伺服器與其他服務通訊。每個代理伺服器的介面可以針對與其合作的服務介面進行設定，還能使用控制平台來集中管控及監督這些代理伺服器。由於沒有中央代理伺服器，避免了共享的「智能」管道的隱患——每個服務有需要時能有效地擁有服務間的管道。值得注意的是，由於 Square 架構的發展方式，不得不創建屬於自己的服務網格以迎合特定需求，儘管使用 Envoy 開源代理伺服器，而非使用像 Linkerd 或 Istio 這樣既定的解決方案。

---

1 有關更詳細的說明請參見 Square 開發者部落格裡由 Snow Pettersen 撰寫的「The Road to an Envoy Service Mesh」（*https://squ.re/2nts1Gc*）。

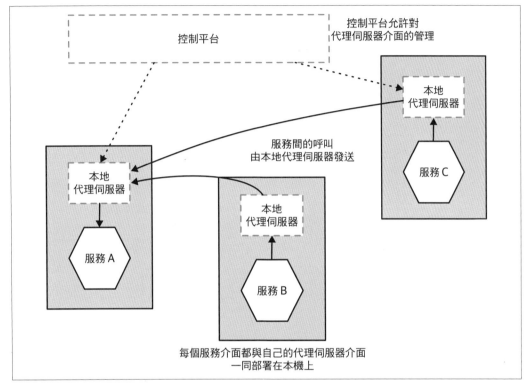

圖 3-14　服務網格的概述

服務網格越來越受歡迎,從概念上講我認為這個想法滿明確的,它們是解決常見服務間通訊問題的好方法。但我擔心的是有些非常聰明的人做了很多,仍花了相當長的時間才使該空間用到的工具穩定。Istio 似乎是明確的領導者,但不是這個領域的唯一選擇,且幾乎每週都會有新工具浮現。我一般會建議在做出選擇之前,給服務網格更多時間使之穩定。

範例:FTP

儘管我花了很長的篇幅談到基於 HTTP 的系統使用絞殺榕模式,但沒有什麼能阻止您攔截和重新導向其他形式的通訊協定。一間瑞士房地產公司 Homegate 利用此模式的變化來變更客戶上傳新房地產清單的方式。

Homegate 的客戶透過 FTP 上傳並由單體式系統處理列表。該公司渴望遷移至微服務，並希望支援一種新的上傳機制，非僅支援批量 FTP 上傳，而是使用與即將批准的標準箱匹配的 REST API。

這間房地產公司不希望以客戶角度進行變更，而是希望無縫進行任何更改。這說明至少現在 FTP 仍作為客戶與系統互動的機制。最後，該公司藉由檢測 FTP 伺服器紀錄的變更攔截 FTP 的上傳資料，並將新上傳的文件轉換為對新 REST API 的請求，如圖 3-15 所示。

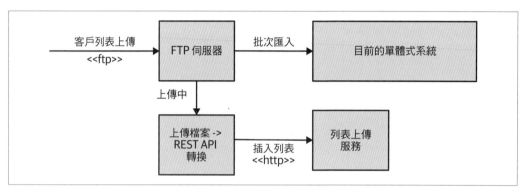

圖 3-15　攔截 FTP 上傳並轉移到 Homegate 的新列表服務

從客戶的角度來看，上傳過程本身並沒有變化。好處來自處理上傳資料的新服務能夠更快速的發布資料，從而幫助客戶迅速釋出廣告。之後，有新的 REST API 向客戶公開。有趣的是，在此期間這兩種上傳機制都可啟用，這使團隊可以確保兩個上傳機制的正常運行。我們將在第 104 頁探討一個很好的模式——「模式：平行運作」。

範例：訊息攔截

目前為止我們已經看過攔截同步呼叫，但如果單體式系統是由某種其他形式的協定，也許是透過訊息仲介者接收訊息的話要怎麼辦？基本模式是相同的，我們需要一種方法來攔截呼叫然後重新導向到新的微服務，主要區別在於協定本身的特性。

基於內容的路由器

在圖 3-16 中，單體式系統接收了大量的訊息，而我們需要攔截其中一部分。

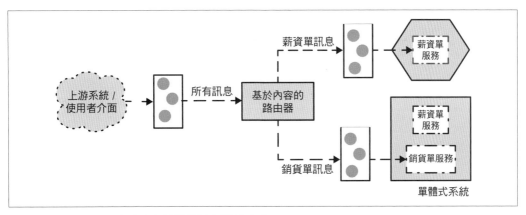

圖 3-16 單體式系統由佇列中接收呼叫

圖 3-17 描述的是一種能攔截*所有*用於下游單體式系統的訊息，並過濾到適當位置的簡易方法。基本上此為基於內容的路由器模式的實現，如《*Enterprise Integration Patterns*》中所述 [2]。

圖 3-17 使用基於內容的路由器攔截訊息傳遞呼叫

這項技術可以保持單體式系統不動，但我們在請求的路徑上放置了另一佇列，可能會增加額外的延遲，這是我們需要管理的另一件事。另一個問題是我們在訊息傳遞層中放置多少「智能」？我曾在《*建構微服務*》的第 4 章中談及許多因系統使用太多網路的智能於服務間而造成的挑戰，會使系統更難以理解和更改。

2　Bobby Woolf、Gregor Hohpe 所著的《*Enterprise Integration Patterns*》（Addison-Wesley, 2003）。

相反地，我建議您接受我仍在推動的「智能端點，愚蠢管道」口頭禪。這裡有爭論的地方是，基於內容的路由器是「智能管道」的實現；增加了系統之間路由器呼叫方式的複雜性。在某些情形下，這是一種非常有用的技術，但您需要找到滿意的平衡點。

選擇性消費

另一種方式是變更單體式系統讓其忽略發送的消息，而改由新服務接收，如圖 3-18 所示。圖中看到新服務和單體式系統共享佇列，並使用模式匹配流程來監聽所關注的訊息。此種過濾訊息的方式在基於訊息的系統中是很普遍的要求，可由像是 JMS 的訊息選擇器或在其他平台上同等功效的技術來實現。

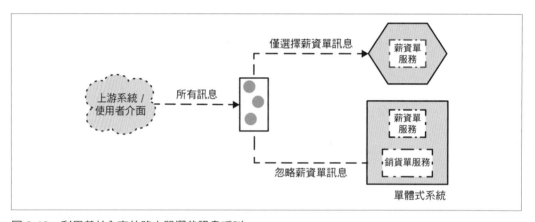

圖 3-18 利用基於內容的路由器攔截訊息呼叫

這種過濾訊息的方式雖然可以減去建立額外佇列的需要，但也存在著挑戰。首先，底層的訊息傳遞技術不見得能夠支援單一佇列的訂閱（儘管這是一個常見的共同功能，所以若真有此情形，確實蠻令人驚訝）；其次，當要重新導向呼叫時，需要兩次有良好協調的變更動作。您需要停止由單體式系統讀取用於新服務的呼叫，然後讓服務進行接聽。同樣地，還原呼叫攔截亦是如此。

同一佇列中擁有的使用者類型越多，過濾原則就越複雜、問題也變得越多。有一種情形很容易想像，就是其中兩個使用者因規則重疊開始接收相同甚至是相反的訊息，又或者某些訊息被忽略了。有鑑於此，我會考慮對少量的消費者或用簡易的過濾原則使用選擇性消費。雖然需要注意前面提到的潛在缺點，尤其是陷入「智能管道」的問題，但隨著消費者類型的增加，基於內容的路由器方式可能更具有意義。

由此解決方案或是基於內容的路由器所增加的複雜性是，如果使用異步請求（一種通訊的回應類型），則需要確保可以將路由請求回給客戶端，期望他們不會察覺到有變化。在信息驅動系統中還有其餘呼叫路由的選項，大部分有助於實現絞殺榕模式遷移。在此我強烈推薦絕佳的資源企業集成模式。

其他協定

盼望您從這些例子中可以理解，即使使用不同類型的協定，也有很多方法可以攔截呼叫到現有的單體式系統中。那如果單體式系統是由上傳的批次檔驅動的呢？截取該批次檔，提取想要攔截的呼叫，然後在轉發前將其從檔案中刪除。有些機制確實會導致更複雜的流程，且利用 HTTP 這類的要容易許多；但是經過創意性的思維，絞殺榕模式可用於多種情況。

絞殺榕模式的其他範例

在漸進重構現有系統的情況下，絞殺榕模式非常有幫助，而不只侷限在實現微服務架構的團隊。這模式已使用了很長的一段時間，直到 2004 年 Martin Fowler 完成為止。我的前東家 ThoughtWorks 也經常使用它來重建單體式系統的應用程序。Paul Hammant 撰寫一份整理過後的概要清單（*http://bit.ly/2paBpyP*），我們在它的部落格上使用此模式，其中包含貿易公司的摘要、機票預訂應用程序、鐵路售票系統以及分類廣告門戶。

遷移功能時變更行為

在本書中我專注於精挑細選的模式之原因在於，它們可用於將現有系統漸進遷移到微服務架構。最主要的原因之一是它能夠讓遷移工作與正在進行的功能交付相容，不會造成衝突；但是當想要變更或豐富正在遷移的系統行為時，仍然會發生問題。

舉例來說，想像一下，假如絞殺榕模式將原有的薪資功能從單體式系統中移除，這需要多個步驟去完成，理論上每個步驟都是可復原的；但是當發現新推出的薪資服務出現了問題，我們就需要把對薪資功能的呼叫轉回到舊系統。如果在單體式系統及微服務內的薪資功能是相同的，那問題不大；但如果在遷移過程中變更了薪資功能的行為呢？

如果薪資微服務在幾個錯誤上已修復但尚未移植到單體式系統中等效能上，那麼即使退回變更也會導致這些錯誤再次發生在系統中。倘若新增功能到薪資微服務中，則可能會遇到更多問題，這時退回將需要從客戶中刪除此功能。

這不容易修復，如果允許在遷移完成之前進行功能變更，那就要有日後會難以回復的心理準備；遷移工作完成之前不允許變更會較為容易。遷移花費的時間越長，加強部分系統中的「功能凍結」就越難，這時更改部分系統的需要性不太可能消失。完成遷移所需的時間越長，承受的壓力也越大（只需在使用時插入此功能）。若是每次遷移的規模越小，在遷移完成之前變更欲遷移的功能壓力也就越小。

當遷移功能時，請嘗試消除行為上的任何變更，如果可以，延遲增加新功能或修復錯誤直到完成遷移為止；否則會降低退回系統中變更的能力。

模式：使用者介面組成

目前為止我們所考慮的技術，主要將漸進遷移的工作推向了伺服器，但是使用者介面也為我們提供了有用的機會，可以將部分功能結合到現有的單體式系統或新的微服務架構中。

多年前，我曾幫助《衛報》（*https://www.guard ian.co.uk/*）從現有的內容管理系統遷移到新的 Java 自定平台。這與在線報紙推出全新的外觀和風格相吻合，以配合重新發行印刷。當希望採用漸進方法時，從現有 CMS 切換到全新網站的過程針對特定的垂直領域（旅行，新聞，文化等）分為幾個部分。除了這些垂直領域外，我們也尋找能夠將遷移簡化為較小的區塊。

最終我們使用了兩種有用的合成技術，然而在與其他公司間的交流中，發現過去幾年來，這類技術的變化是諸多組織採用微服務架構的關鍵部分。

範例：頁面組成

《衛報》雖然一開始就推出單一部件（稍後會再討論），但我們的計劃始終是以使用基於頁面的遷移為主，產生全新的樣貌及感受。此部分乃以縱向為基礎完成，而我們第一個發布的是為旅遊領域。在轉換過渡的期間，當使用者進入看到部分更新的網頁時，會有截然不同的感受，而我們也竭力確保所有的舊網頁連結都被重新導向到新位置（URL已變更）。

當《衛報》對技術進行另一項更改時，幾年後脫離了 Java 架構系統，使用了類似的技術來一次性遷移。在這一點上，他們利用快速內容遞交網絡（CDN）來實施新的路由原則，像使用內部代理一樣有效地使用 CDN[3]。

提供房地產在線清單的澳大利亞 REA Group 擁有負責整個商業渠道的不同團隊，及商業或住宅清單。在這種情況下，基於頁面的組合方式顯得很有意義，因為團隊能夠擁有整個端到端的體驗。REA 實際上為不同的渠道採用了不同的品牌，由此看見基於頁面的分解更加有意義，可以為不同的客戶群提供完全不同的體驗。

範例：小部件組成

在《衛報》中，旅遊是第一個公認遷移到新平台的領域，理由是它在分類方面遇到一些有趣的挑戰，卻不是網站中最引人注目的部分。基本上我們希望從經驗中學到活用的東西，但同時也要確保當問題出現時不會影響網站主要的部份。

與其使用網站的整個旅遊部分、對世界各地迷人的目的地進行詳盡的報導，我們更期望發行測試版本來測試系統。我們部署了一個小元件，上面顯示由系統定義的前 10 個旅行目的，而該部件被拼接到報紙舊有旅行版面上，如圖 3-19 所示。本例使用 Apache 的一種稱為 Edge-Side Includes（ESI）的技術。借助 ESI 可以在網頁中定義模板，然後網路伺服器會在此內容中拼接。

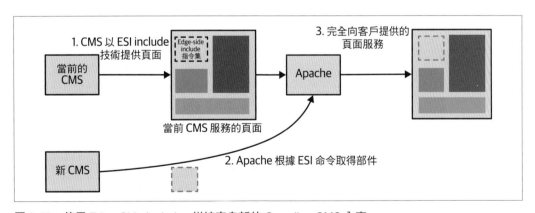

圖 3-19　使用 Edge-Side Includes 拼接來自新的 Guardian CMS 內容

3　很高興聽到《衛報》的 Graham Tackley 說，我最初幫忙實現的「新」系統持續了將近十年，而後才被現在的架構完全取代。身為一名網站讀者，我反映出在此期間從未真正注意到的任何變化！

最近發現單純在伺服器端拼接部件似乎已不太普遍，很大的原因是在於基於瀏覽器的技術變得更複雜，允許在瀏覽器本身完成更多複雜的合成工作。這意味著對於基於部件的網頁介面，瀏覽器本身通常會使用多種技術搭配多次呼叫以加載多種部件。這樣做還能帶來另一項好處，就是當某部件無法加載時（也許是因為後端服務中斷了），其他部件仍然可以呈現出來，僅使部分（而非全部）的服務降級。

儘管最終我們在《衛報》主要使用基於頁面的合成技術，但仍有多數的企業使用基於部件的技術來支援後端服務。舉例來說，Orbitz（現為 Expedia 的一部分）創建了專用型服務來僅為單一部件運作 [4]。在轉向微服務之前，Orbitz 網站已經被分解為獨立的 UI「模組」（以 Orbitz 命名），這些模組可以表示搜尋表單、預訂表單、地圖等，且其最初直接由內容編配服務提供，如圖 3-20 所示。

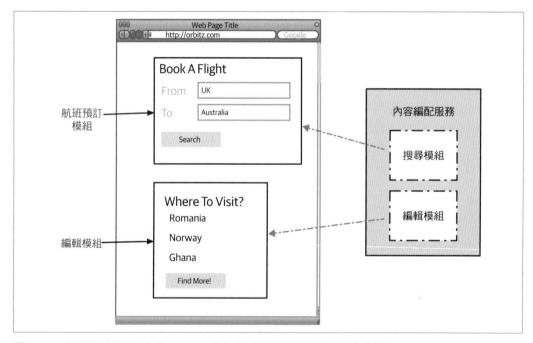

圖 3-20　在遷移到微服務之前，Orbitz 的內容編配服務已經服務所有的模組

4　請參見 Steve Hoffman 與 Rick Fast《Enabling Microservices at Orbitz》（*http://bit.ly/2nGNgnI*），YouTube，August 11, 2016。

內容編配服務實際上是個龐大的單體式系統，擁有這些模組的團隊都必須與系統內部協調進行更改，也因此導致變更時間的延遲，這是我在第 1 章中強調的交付爭議問題之經典事例——每當團隊必須協調以推出變更時，耗用的成本即會增加。為了加快發行的速度，當 Orbitz 決定嘗試微服務時，將分解重點放在模組上並從編輯模組開始。內容編配服務則將已轉移模組之職責委派給下游服務，如圖 3-21 所示。

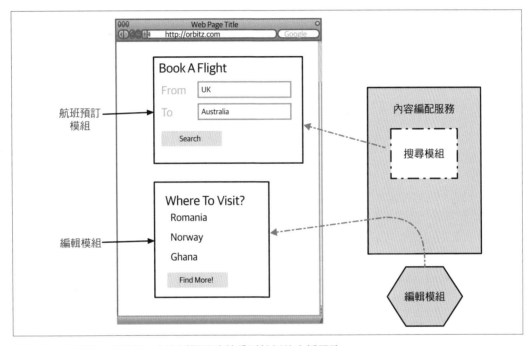

圖 3-21　每遷移一個模組，內容編配服務就委派給新的支援服務

UI 已經沿著這些方式進行視覺化分解，使工作易於以漸進方式完成。由於各模組擁有清晰的所有權，因此能在不干擾其他團隊的情況下輕鬆地執行遷移。

要注意的一點是，並非所有的使用者介面都適合分解為乾淨的部件，但若是可以，能讓漸進遷移至微服務的工作變得更容易。

行動應用程序

我們主要討論的網頁介面中有些技術也適合用於基於行動的客戶端。例如，Android 和 iOS 都提供了將使用者介面的各部分組成組件的能力，進而使部分的 UI 易於分隔開來以不同方式重新組合。

用本地行動應用程序部署更改的挑戰之一是，Apple App Store 及 Google Play 商店都要求在提供新版本之前提交和審核應用程序。雖然在過去幾年中，由應用程序商店簽核應用程序花費的時間已大幅減少，這仍然增加了部署新軟體的時間。

此時應用程序本身也是個單體式系統，如果要更改本機行動應用程序的單一部分，那麼仍然需要部署整個應用程序。此外您也必須考慮到一件事，使用者必須下載新的應用程序才能查看新功能——通常在使用基於 Web 應用下無需處理的事情，因為變更能無縫隙地傳遞到使用者瀏覽器。

許多組織允許對本機端的行動應用程序進行動態變更來解決此問題，不必訴諸於部署本機應用程序的新版本。藉著部署變更到伺服器端，客戶端裝置能在不需部署本機行動應用程序新版的前提下，立即見識新功能。儘管有些公司使用更複雜的技術來實現，但僅使用嵌入式網頁視圖之類的東西也可達到相同目的。

Spotify 整個平台上的 UI 為高度的組件導向，無論是 iOS 或 Android 應用程序。您看到的內容幾乎都是獨立的組件，從簡單的文字標題、到專輯插圖或播放清單[5]。其中的某些模組由一或多個微服務所支援。這些 UI 組件的配置和設計由伺服器宣告定義。Spotify 工程師能快速更改使用者看到的視圖，而不需提交應用程序新版本給應用商店，如此便能更快地試驗新功能。

範例：微型前端

隨著頻寬和網頁瀏覽器的功能提升，瀏覽器中運行程式碼的複雜性也隨之提高。如今，許多基於網頁使用者介面都利用某種單頁的應用程序框架，從而消除了由不同網頁組成的應用程序的概念。取而代之的是一個更強大功能的使用者介面，所有內容都在一個窗格中運行——實際上是瀏覽器的使用者經驗，以前僅適用於使用像是 Java Swing 這類「豐厚」的 UI SDK。

我們顯然不能考慮基於頁面的合成技術在單一頁面中提供整個介面，因此我們必須考慮以基於部件的合成技術。曾經嘗試將常用的網頁部件格式進行編碼，近來，網頁組件規範正嘗試定義跨瀏覽器支援的標準組件模型，但是花了很長的一段時間後此標準才獲得青睞，其中特別一提的是瀏覽器支援的部分被視為一大絆腳石。

5　請參閱 John Sundell 於 2016 年 8 月 25 日發布的影片「Building Component-Driven UIs at Spotify」（*http://bit.ly/2nDpJUP*）。

使用諸如 Vue、Angular 或 React 這類單一頁面應用程序框架的人並沒有坐等網頁組件來解決他們的問題，反而試圖解決如何將最初設計為擁有整個瀏覽器窗格的 SDK 構建的 UI 進行模組化；這也促使他們朝著所謂的**微型前端**方向發展。

第一眼會以為微型前端只是將使用者介面分解為可獨立運行的不同組件，但它們其實並不是什麼新鮮的東西，組件導向的軟體甚至比我還早幾年出生呢！更有趣的是，人們正研究如何使網頁瀏覽器、SPA SDK 和組件化協同合作。要如何精確地從 Vue 和 React 的位元中建立單個 UI，允許潛在共享資訊但不與其依賴性發生衝突？

深入探討此主題不在本書的範圍，部分原因是根據使用的 SPA 框架，完成此工作的確切方式會有所不同。但是如果您有自己想要分解的單頁應用程序，那麼您並不孤單，事實上有很多人分享相關技術和函式庫來完成這項工作。

應用在何處

UI 組合作為重新平台化的技術非常有效，因為它允許遷移功能的垂直面。但是要使其正常工作，需要具有更改現有使用者介面的能力，以允許新功能安全地插入。本書稍後將介紹合成技術，但值得注意的一點是，可以使用哪種技術通常取決於實現使用者介面所用之技術的性質。一個優良的老舊網站可以使 UI 的構成變得簡單，而單頁面應用程序技術的確較為複雜，常常使實現的方法變得撲朔迷離！

模式：抽象分支

為了使絞殺榕模式運作，我們需要能夠攔截單體式系統周圍的呼叫。但是當我們想要提取的功能在現有系統深處時該怎麼辦？回溯到前面的例子，請考慮提取通知的功能，如圖 3-4 所示。

為了執行提取的動作，我們需要對現有系統進行更改，而這更改可能是重大的，並且同時造成程式碼庫開發人員的困擾。在這競爭的緊張局勢中，一方面我們希望以漸進方式進行變更，另一方面也期望減少對程式碼庫其他領域的干擾，使我們朝著完成工作的方向迅速邁進。

當要重編現有程式碼庫的某些部份時，人們通常會在獨立的原始碼分支上進行，既可更改又不會影響開發人員的工作。但面臨的挑戰是，當分支的更改完成時，必須合併回去，這可是個重大挑戰：分支存在的時間越久，問題就越大。我不會詳細介紹與長期存在的原始碼分支相關之問題，只是想說明它們與持續集成的原理恰恰相反。 另外，引用「The 2017 State of DevOps Report」（*http://bit.ly/2pctNfn*）收集到的數據顯示，採用主幹開發（即直接在主幹上進行更改，避免使用分支）並使用壽命較短的分支可提高 IT 團隊的績效。只能說我不是熱愛使用長期分支的粉絲，但我不孤單。

因此要以漸進方式對程式碼庫進行更改，同時又要減少對其他開發人員造成的影響至最低。這裡有另一種模式可用，該模式能夠讓我們在不依賴原始碼分支的情況下逐步變更單體式系統。相反地，抽象分支模式依賴於對現有程式碼庫更改，使同一版本的程式碼能彼此安全共存，而不會造成過多干擾。

如何運作

抽象分支包含五個步驟：

1. 為要替換的功能建立抽象。

2. 更改現有功能的客戶端以使用新的抽象。

3. 利用重新設計的功能建立抽象的新實現。以我們的案例來說，新實現將呼叫新微服務。

4. 切換抽象以使用新實現。

5. 清理抽象並刪除舊實現。

來看看關於將通知功能移至服務中的這些步驟，如圖 3-4 詳述。

步驟一：建立抽象

第一個任務是要建立抽象來表示要更改的程式碼與其呼叫者之間的相互作用，如圖 3-22 所示。如果現有的通知功能被合理地分解，那就像在 IDE 中套用提取介面重構一樣簡單；但若是沒有分解，那可能就需要提取接縫，如前所述。你可能會需要在程式碼庫中搜尋，看是否有產生發送電子郵件、簡訊、或其他通知機制的 API 呼叫，找出此段程式碼並建立其他程式碼使用的抽象是必需的步驟。

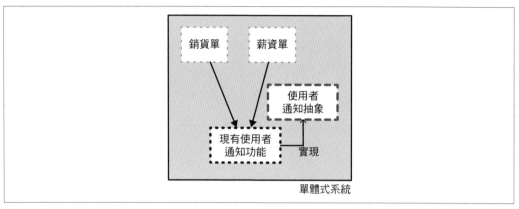

圖 3-22　步驟一：建立抽象

步驟二：使用抽象

建立抽象之後，需要重構通知功能的現有客戶端，以使用新的抽象點，如圖 3-23 所示。
提取介面重構很有可能會為我們自動完成此項操作，但以我的經驗來說，這通常是一個
漸進的過程，需要手動追蹤進來的呼叫。值得高興的是，這些更動是漸進且較小的，可
逐步完成又不會對現有程式碼產生太大影響。此時，系統行為不應有功能上的改變。

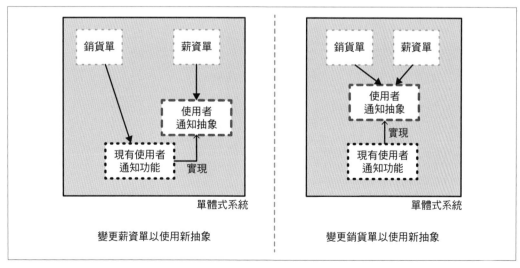

圖 3-23　步驟二：變更現有客戶端以使用新抽象

步驟三：建立新實現

有了新抽象之後，即可以開始實現新的服務呼叫了。在單體式系統中，通知功能的實現大多是客戶端呼叫外部服務，如圖 3-24 所示，該功能的大部分將在服務本身中。

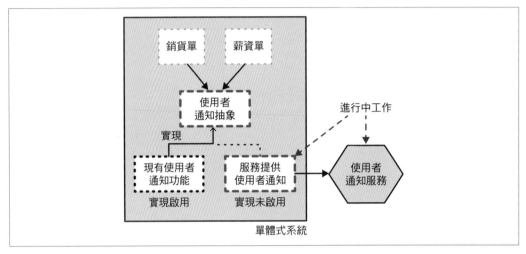

圖 3-24　步驟三：建立抽象新實現

這裡要注意的關鍵點是，雖然在程式碼庫中同時擁有兩種抽象實現，但是系統中只有一種實現處於啟用狀態。在我們對新服務呼叫實現感到滿意、可發送即時消息之前，它實際上是處於休眠狀態。當我們努力在新服務中實現所有等效功能時，新的抽象實現是有可能會傳回「未實現」的錯誤。當然這並不會阻止我們進行已編寫好的功能測試，這是儘早整合這項工作的好處之一。

在此過程中，也可以將進行中的使用者通知服務部署到生產中，如同使用絞殺榕模式那樣。這時間點尚未完成倒還好，因為通知抽象還未實現，所以實際上並無呼叫到該服務。但是我們可以對其部署，並測試已實現的部分功能是否正常運行。

這個階段可能會耗費大量的時間。Jez Humble 詳細介紹了使用抽象分支模式（*http://bit.ly/2p95lv7*）來遷移連續交付應用程序 GoCD（當時稱為 Cruise）中使用的資料庫持久層。從使用 iBatis 持久層框架到 Hibernate 的轉換期間長達幾個月，期間應用程序仍每週兩次發送給客戶。

步驟四：切換實現

一旦新的實現能夠正常運作且令人感到滿意時，就可以切換抽象點，使新實現處於啟用狀態，不再使用舊功能，如圖 3-25 所示。

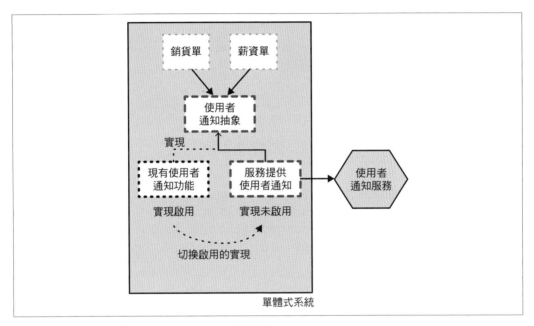

圖 3-25　步驟四：切換啟用的實現為使用新微服務

理想情況下，我們希望可以使用輕鬆切換的機制如同絞殺榕模式一樣。如果發現問題能迅速切換回原來的功能，常見的解決方案即為使用功能切換。圖 3-26 中利用一個配置檔而不是用更改程式碼的方式來切換。如果想要了解更多關於功能切換以及如何實現的訊息，可以參閱 Pete Hodgson 的文章，裡面寫得很好。

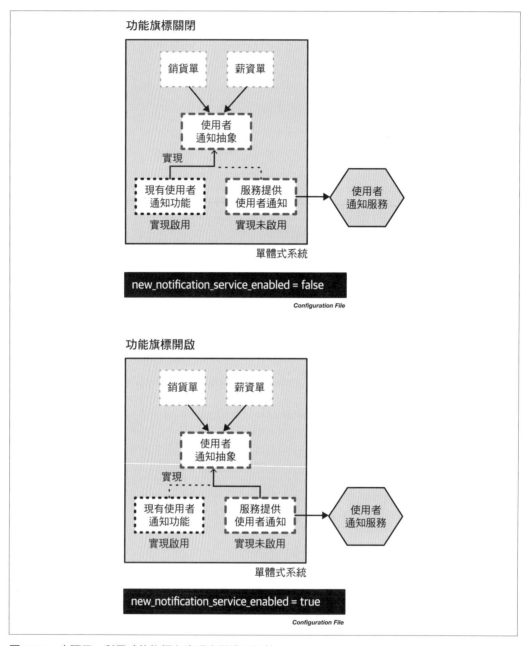

圖 3-26　步驟五：利用功能旗標在實現之間進行切換

在此階段，我們**希望達到**功能上相等，有兩個相同抽象的實現可以測試來驗證它們的等效性；但我們也希望能在生產中使用這兩種實現來提供額外的驗證。這個想法也會在第104 頁的「模式：平行運作」中進一步探討。

步驟五：清除

新的微服務可提供使用者所有通知，將注意力轉移至自我清除之後。這時我們就不再使用舊的使用者通知功能，因此將其刪除，如圖 3-27 所示，開始縮小單體式系統了！

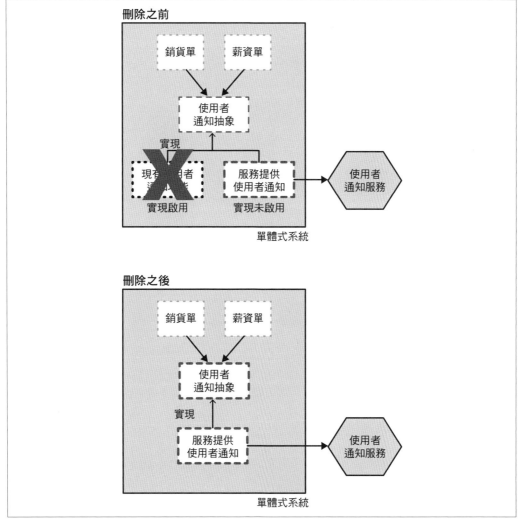

圖 3-27　步驟六：刪除舊有實現

當刪除舊有實現的時候，也需要將任何與功能切換相關的旗標也一併刪除。不要讓舊有的旗標放在那裡無所事事——千萬別這麼做！請刪除不再需要的旗標以簡化操作。

最終，隨著舊有實現的消失，我們可以刪除抽象點本身，如圖 3-28 所示。但是有可能的是，抽象的建立使程式碼庫得到改善，以致於您想要保留它；如果它如介面般簡單，則可保留以降低對現有程式碼庫之影響。

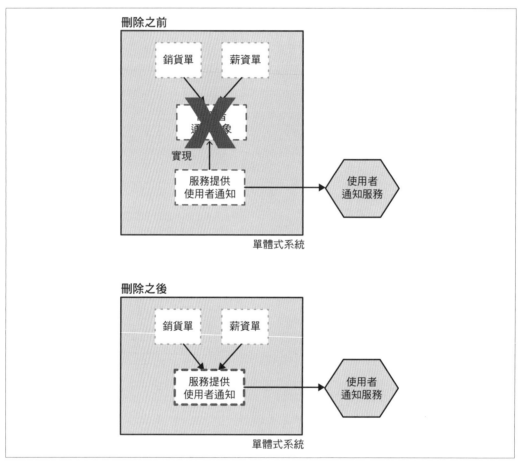

圖 3-28　步驟七：（可選擇）刪除抽象點

作為後備機制

倘若新服務無法正常運作時，是否有辦法能自動切換回原有的實現呢？Steve Smith 詳細介紹了抽象分支模式的一種變體，稱之為抽象分支驗證（*http://bit.ly/2mLVevz*），它可實現即時驗證步驟，或是請見圖 3-29 中的例子。此想法為當新實現的呼叫失敗了，則可使用舊實現來代替。

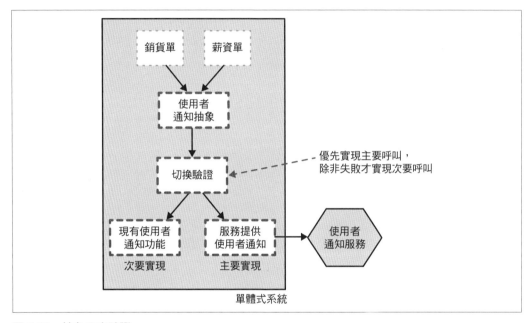

圖 3-29　抽象分支驗證

顯然地，這不僅在程式碼方面或是關於系統推理上都增加了複雜度。實際上，這兩種實現都可能在某特定時間點呈現活躍狀態，使得理解系統行為更加困難。如果這兩個實現都是活躍的狀態，那還需考慮資料的一致性。在實現切換之間的任何情形下，資料一致性總是一項挑戰，但是透過「抽象分支驗證」模式則允許人以逐一請求的原則在實現之間來回切換，因此需要有能讓兩種實現都能存取的一致共享資料集。

稍後我們會詳細探討更通用的平行運作模式。

應用在何處

抽象分支是相當通用的模式,當需要花費一些時間修改現有程式碼庫但又不想影響到其他的同事時,此模式會有莫大的幫助。我甚至認為這是比常用在大部分情形的長壽程式碼分支更好的選擇。

對於遷移至微服務架構的事上,我總認為應以絞殺榕模式為優先,因為它在多方面都較為簡單;可是在某些情況下(像是此處的通知)則是不太可能做到。

這種模式甚至還假設允許更改現有系統的程式碼,若是您無法這麼做,則可能需要檢查其他項目,我們將在本章其餘部分探討其中幾項。

模式:平行運作

在部署新實現之前有很多測試可以進行,您需要盡最大的努力確保微服務的嘗鮮版驗證會以生產方式完成,但總不免會忽略到生產環境中可能發生的情況,於是我們還能使用其他技術。

絞殺榕模式和抽象分支皆允許讓使用相同功能的新舊實現同時並存於生產環境中。通常這兩種技術都允許讓人執行單體式系統中的舊實現或是基於微服務的新解決方案,為了降低切換到基於服務之新實現的風險,這些技術能幫助我們迅速切換回原有實現。

當使用平行運作的模式時,不是呼叫舊或新的實現,而是呼叫**兩者**,進行結果比較以確保它們是相等的。儘管呼叫了兩種實現,但在給定的時間中只有一種會被認為是真實的來源。在不斷進行測試新實現來驗證其可信度之前,通常會以舊實現為來源。

此模式普遍用於平行運作兩個系統,但更早之前就以不同的形式使用了長達數十年之久。我認為在比較具有相同功能之兩種實現時,與在單一系統中有相同的功用。

這項技術不僅可以用於驗證新實現與原有實現提供的答案相同,且還可在非功能的可接受參數內運行。例如,新服務是否以夠快的速度回應?我們是否看到許多時間延遲?

範例：比較信用衍生品定價

多年前我參與了一個項目，旨在更改用於稱為信用衍生品之金融產品的運算平台，那時我所服務的銀行需要確認他們提供的諸多衍生品是合理的交易。在這筆交易中我們會賺錢嗎？交易風險會太大嗎？一旦發行，市場走向也會跟著變化。因此就需要評估當前交易的價值，以確保不會因為市場變化而遭受巨額虧損[6]。

我們幾乎完全替換了執行這些重要計算的現有系統。由於涉及金額頗大，加上某些員工的獎金是基於所進行交易的價值，因而對此感到擔憂。我們決定並排運行兩組計算且每天進行結果比較。定價事件是由事件觸發的，而這些事件容易複製，因此兩個系統都可以進行計算，如圖 3-30 所示。

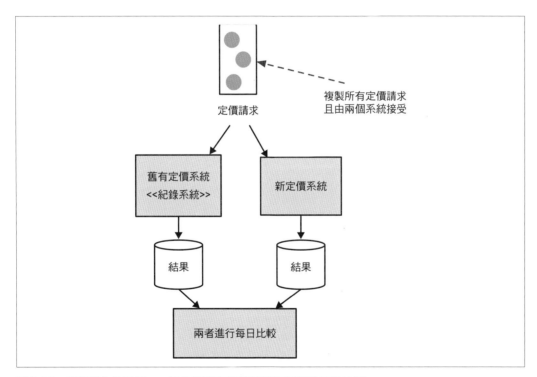

定價請求

複製所有定價請求
且由兩個系統接受

舊有定價系統
<<紀錄系統>>

新定價系統

結果

結果

兩者進行每日比較

圖 3-30　平行運作的示例──包含兩種定價系統並進行離線結果比較

6　事實證明我們對這個行業感到害怕。我推薦 Martin Lewis 的《The Big Short》（W. Norton & Company, 2010），其對於信用衍生品在 2007-2008 年全球金融海嘯中扮演的角色的論述相當傑出。而我常遺憾地回顧自己在這個行業中所扮演的只是一小部分，不知道自己做了什麼卻帶來災難性的後果。

每天早上我們都會批量核對結果，然後思考其中的差異。事實上，我們寫了一個程序來執行對帳，以 Excel 表單呈現結果，如此一目瞭然便能輕鬆地與銀行專員討論。

結果顯示我們確實有些問題需要解決，還發現了現有系統中的錯誤導致的大量差異，所以會有不同的結果是合理的，但以 Excel 表單呈現會容易許多。我記得我還跟分析人員解釋為何要根據第一條原則得出正確的結果。

一個月後我們轉而使用系統作為真實的來源，再經過一段時間後淘汰了舊系統（以防需要審核舊系統上完成的計算，我們會保留幾個月的時間）。

範例：Homegate 列表

如同第 85 頁討論的「範例：FTP」那樣，Homegate 平行運作了兩者列表匯入系統，並將處理列表匯入的新微服務與現有的單體式系統進行比較。客戶上傳 FTP 會觸發兩個系統，一旦確認新的微服務以相同方式運行時，舊有系統會禁止 FTP 匯入。

N 版本程式設計

在某些安全關鍵控制系統（例如線傳飛控飛機）中，可以說存在著平行運作的變化。飛機不再依賴機械型控制，而是越來越依賴數字控制系統。當飛行員使用控制元件取代拉繩索來掌舵時，是使用線傳飛控飛機，將其輸入發送至控制系統以決定要將舵行駛多遠距離。控制系統必須解析它們正在發送的信號以採取相對應的措施。

顯而易見地，若控制系統出錯會非常危險。為了抵銷缺陷造成的影響，在某些情況下會並排使用相同功能的多重實現。信號被發送到同一子系統的所有實現，然後由它們回應。將結果比較後，透過在參與者中尋找法定人數來選出「正確」的結果。此技術稱之為 *N 版本程式設計* [7]。

與本章介紹的其他模式不同之處在於，此方法的最終目標不是替換任何實現，而是在彼此之間繼續共存，期望減少任何子系統中錯誤的影響。

7　參見 Liming Chen 和 Algirdas Avizienis 於 1995 年在第二十五屆容錯計算國際研討會的「N-Version Programming: A Fault-Tolerance Approach to Reliability of Software Operation」。

驗證技術

透過平行運作來比較這兩種實現的功能方面的相等性。如果我們以前述的信用衍生品定價為例,可將兩個版本皆視為函式,給予相同的輸入,期望得到相同的輸出,但我們也可以(且應該)驗證非功能性。跨網路邊界的呼叫也許會引來可觀的延遲,及可能由於超時、分區等原因導致丟失請求。所以,驗證過程應發展到確保在可接受的故障率之下,能及時完成新微服務的呼叫。

使用間諜

在前面談到的通知範例中,我們不希望向客戶發送兩次電子郵件。此種情況下,間諜就需要派上用場了。從單元測試的模型來看,間諜可以代表一項功能,允許我們在特定事情完成後進行驗證,待替換了一部份的功能後將其取消。

因此對於通知功能,我們可以使用間諜代替實際發送電子郵件所用的低級別程式碼,如圖 3-31 所示。然後新的通知服務將於平行運作時使用間諜程序,以允許驗證當服務接收到發送通知時該副作用(發送電子郵件)是否會被觸發。

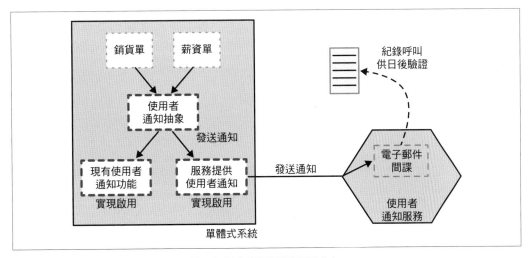

圖 3-31　利用間諜來驗證電子郵件於平行運作期間是否發送出去

請注意,我們也許已經決定在系統內部使用間諜程序,避免遠端通知功能呼叫服務;但這可能並非你所想要的,因為你其實是想要了解遠端呼叫的影響,像是超時、故障、或新通知服務的一般性延遲是否產生問題。

這裡有個新發現的複雜性，那就是間諜程序是在獨立的程序中執行，這會使驗證過程的時間變得複雜。如果我們希望在初始的範圍內即時操作，則可能需要公開通知服務上的方法，以允許在初始呼叫通知服務後進行驗證。這也許很費工，且還可能需要在許多的情形下即時驗證。在驗證程序外之間諜模型是紀錄互動，以允許外部的驗證（也許是每天進行一次）。很顯然的，若確實使用間諜來取代呼叫通知服務，那麼驗證程序會變得較為容易，但相對的測試項目變少了！也就是說，以間諜取而代之的功能越多，實際測試到的功能就越少。

GitHub Scientist

GitHub Scientist（*https://github.com/github/scientist*）是一著名的函式庫，可幫助以程式碼實現此模式。這是一個 Ruby 函式庫，能讓您並排運行實現並捕捉有關新實現的資訊，來了解新實現是否正常運行。雖然我從未真正使用過，但我知道擁有此種函式庫如何能幫助您針對現有系統驗證新微服務的功能，如今能將其移植到 Java、.NET、Python、Node、JS 以及更多種語言上。

暗中啟動和金絲雀釋出

值得一提的是，平行運作不同於傳統上所謂的**金絲雀釋出**，金絲雀釋出涉及將使用者中的某些子集合引導至新功能，而大多數使用者看到的是舊實現。這個概念的宗旨是，當新系統有問題時，只會有一部分的請求受到影響。我們透過平行運作來呼叫這兩種實現。

另一相關的技術稱為**暗中啟動**，可以讓您部署新功能且進行測試，但使用者無法看見新功能。所以平行運作是實現暗中啟動的方法之一，因為「新」功能實際上對使用者是不可見的，直到切換現有系統為止。

暗中啟動、平行運作及金絲雀釋出是用來驗證新功能是否正常運作，以及降低突發狀況時的影響。上述這些技術被稱為**漸進式交付**（由 James Governor（*http://bit.ly/ 2lZjrxK*）創造的總稱），用來描述控制軟體如何以更細緻的方式向使用者推出的方法、更快速發佈軟體同時兼具驗證其有效性並減少問題發生時的影響。

應用在何處

實施平行運作很少是件小事，通常是保留那種將功能變更視為高風險的情況。我們將在第 4 章中研究醫療紀錄中使用此模式的例子。毫無疑問地，我會審慎評估此模式的使用之處，實施此模式的工作需與所獲得的收益互相權衡，我自己只使用過一兩次，不過都非常有用。

模式：裝飾合作者

當您希望觸發單體式系統內部的某些行為但又無法更改系統時，要怎麼辦呢？**裝飾合作者模式**此時能發揮莫大的作用。裝飾合作者廣為人知的一面是它能在底層一無所知的情形下將新功能附加到某些項目上，因此我們將利用裝飾者來表明，儘管我們並未實際對系統底層進行更改，但它看似直接呼叫我們的服務。

我們允許呼叫照常執行，而不是在到達系統之前攔截它們。然後根據呼叫的結果，可以透過所選的合作機制來呼叫外部的微服務。讓我們以 Music Corp 的範例來詳細探討。

範例：會員計劃

Music Corp 與客戶密切相關！我們想新增根據訂單獲得積分的功能，但是目前的訂單功能非常複雜，不希望現在更動。因此，訂單功能將保留在現有的系統中，但我們能利用代理伺服器來攔截這些呼叫，並根據結果顯示來決定欲交付的點，如圖 3-32 所示。

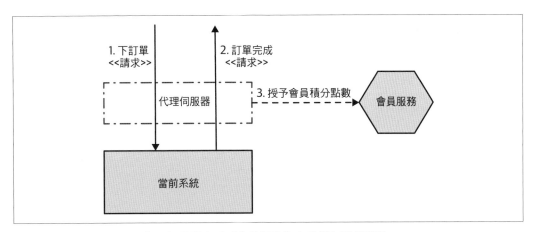

圖 3-32　當成功下單後，代理伺服器會呼叫會員服務為客戶增加積分點數

在絞殺榕模式中代理伺服器的角色相當簡單；但在這裡的代理伺服器必須展現更多的「智能」。它需要向新的微服務發出自己的呼叫並回應給客戶，一如既往地請注意代理伺服器中的複雜性。此處增加的程式碼越多，至終就越可能成為具有微服務的微服務；儘管是技術性的服務，但也同時具有挑戰性。

另一個潛在性的挑戰是需要在進來的請求中取得足夠的資訊，以呼叫微服務。舉例來說，如果要依據訂單的金額給予積分點數，但在下訂單請求或等候回應中訂單金額不明確，那我們可能需要查找其他資訊，也許是呼叫單體式系統以提取所需的資訊，如圖3-33所示。

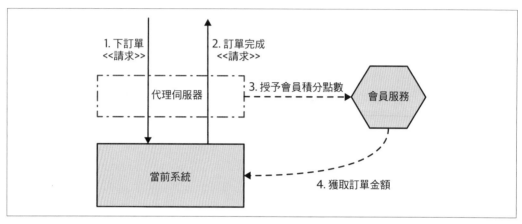

圖 3-33　會員服務需要加載訂單額外的資訊以計算出積分點數

有鑑於呼叫可能會產生額外的負載並引入循環依賴關係，因此最好在下單完成後更改系統以提供所需的資訊；但這可能需要更改系統的程式碼，或者使用侵略性的技術以變更資料擷取。

應用在何處

與變更資料擷取相比，它是較優雅且較少耦合的方法。此模式在從進來的請求中提取所需資訊，或是從系統做出回應時最有效。在需要更多資訊以正確呼叫新服務的情形下，此實現的複雜性最終得以實現。我認為若單體系統的請求和回應無包含所需的資訊，使用此模式之前請務必三思。

模式：變更資料擷取

透過變更資料擷取模式，而非試圖攔截並處理單體式系統的呼叫，來應對資料存儲區的變更。為了使變更資料擷取模式正常運作，必須將底層擷取系統耦合到單體式系統內的資料存儲中；這確實是不可避免的挑戰。

範例：發行會員卡

我們希望能夠整合一些功能讓使用者在註冊時為他們印出會員卡。目前，在客戶註冊時會建立會員帳號。如圖 3-34 所示，當系統發送註冊通知時，我們就知道客戶已註冊成功了。對我們而言，需要客戶更多詳細的資訊才有辦法印出會員卡，這使得要在上游插入此行為（也許可使用裝飾合作者）更加困難——在呼叫返回時，我們需要對系統查詢以提取所需的其他資訊，且該訊息不一定會透過 API 公開。

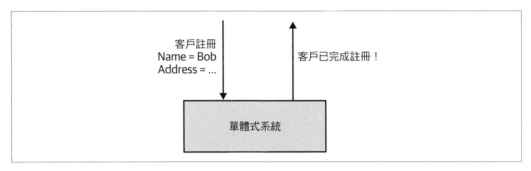

圖 3-34　當客戶註冊時，單體式系統沒有分享太多的資訊

因此我們決定使用變更資料擷取。當偵測到有任何項目插入會員帳號的表單，就在插入時呼叫新的列印會員卡服務，如圖 3-35 所示。在此特殊狀況下，會觸發「建立會員帳號」之事件。列印的過程最好以批量處理方式運行，這樣可以在郵件代理中建立要執行的列表列

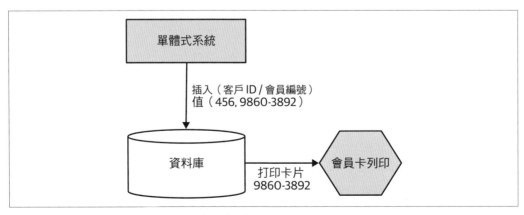

圖 3-35　如何利用變更資料擷取以呼叫新列印服務

實行變更資料擷取

我們可以使用各種技術來實現變更資料擷取，這些所有技術在複雜性、可靠性和及時性方面都有不同的權衡。一起來看看其中幾個選項。

資料庫觸發器

大多數關聯資料庫都允許在變更資料庫時觸發自訂的行為。這些觸發器的確切定義方式以及它們可以觸發的內容各不相同，但現代所有關聯資料庫都是以一種或另一種方式來支援。如圖 3-36 的範例所示，在會員帳號表單中新增資料就會呼叫服務。

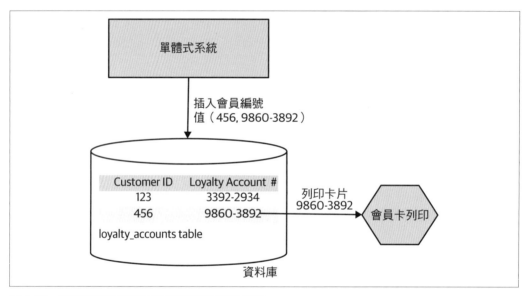

圖 3-36　新增資料時利用資料庫觸發器呼叫微服務

與儲存過程相同，觸發器也需要安裝到資料庫內。觸發器功能有其侷限性，至少對於 Oracle 而言，它們會很高興有人呼叫網路服務或客製 Java 程式碼。

乍看之下似乎簡單，無須執行任何軟體，也無須導入新技術；但是資料庫觸發器也可能像儲存過程一樣有滑坡謬誤。

我的朋友 Randy Shoup 曾說：「擁有一至兩個資料庫觸發器並不可怕，用它們建構整個系統才是糟糕的想法。」這通常與資料庫觸發器相關。涉及的越多，就越難理解系統的實際運作方式。問題經常發生於資料庫觸發器的工具和變更管理上，使用過多會使應用程序像巴洛克式建築。

因此若要使用它們，請非常謹慎。

交易紀錄輪詢

在大多數資料庫（當然是指主流的交易資料庫）中，都存在交易紀錄檔，所有的變更紀錄都在其中。對於變更資料擷取而言，最複雜的工具傾向使用此交易紀錄。

將這些系統視為獨立運作進程，與資料庫的唯一互動是透過交易紀錄，如圖 3-37 所示。這裡要注意的一點是只有已提交的交易才會顯示在記錄檔中，這點很重要！

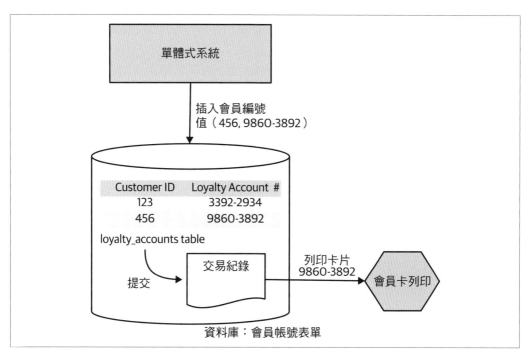

圖 3-37 利用底層交易紀錄的變更資料擷取系統

這些工具需要對底層的紀錄格式有所了解，且會依據不同類型的資料庫而有所不同格式，因此該使用何種明確的工具取決於使用的資料庫。儘管有許多工具支援資料複製，但在該領域中仍存在大量工具，除此之外，尚有許多解決方案旨在將對交易紀錄的變更對映到要放置於郵件代理的訊息。如果是異步的微服務，那這會非常有用。

跳脫其限制，這是在諸多方面實施變更資料擷取最簡潔的方案。交易紀錄僅會顯示底層資料的變更，所以不用擔心發生了什麼變化。該工具可在資料庫、交易紀錄的複本之外運行，因此不用過多擔心耦合或爭議的部分。

批次增量複製

最簡易的方法可能是寫一支程式來定期掃描資料庫內有哪些變更的資料，然後將其複製到目標位置。這些動作通常是使用 cron 之類的批次處理計劃工具來執行。

主要的問題在於需要釐清自最後一次批次複製後有哪些資料變更了，模式的設計也許能使之顯而易見，但也未必。有些資料庫可以讓人查看表單數據來確認哪些資料於何時變更，但這尚未通用，當希望獲取行的相關資訊時，可以僅在表格中更改時間戳記。自行新增時間戳記，但要有心理準備會耗費相當多的工作量，而變更資料擷取系統可以和緩的處理此問題。

應用在何處

變更資料擷取是一種有用的普遍模式，尤其在需要複製資料的情形下（我們在第 4 章會有更多探討）。在微服務遷移的情況下，最有效的地方是需要對系統內部的資料變更做出回應，但無法使用絞殺榕模式或以裝飾者身分在系統範圍內攔截變更，更無法修改底層程式庫。

實現此模式通常伴隨著某些挑戰，因此我盡量減少此模式的使用。資料庫觸發器雖有其缺陷，且完善的變更資料擷取工具（用於處理）帶來的解決方案增加極大的複雜性。然而若是能了解潛在挑戰，那會是非常有用的工具。

結論

如我們所見，大量的技術皆可漸進分解現有程式庫，並幫助輕鬆進入微服務領域。根據我的經驗，大多數人最終會混合多種方法；很少有人能以一種技術處理所有情況。希望到目前為止我所提供的資訊足夠幫助您找出最合適的技術。

我們已經克服了遷移到微服務體系架構中極大的挑戰——資料。不能再延遲了！我們將在第 4 章探討如何遷移資料以及分解資料庫。

分解資料庫

正如早前提到的,提取功能到微服務中有很多方式;但我們需要解決房間裡的大象;也就是說,我們該如何處理資料?微服務在實行隱藏資訊時最為有效,這反而使我們對微服務完全封裝自身資料存儲和檢索機制。因此得出以下結論:在遷移至微服務的過程中,若想得到最大效益,就需要將單體式系統資料庫分開。

然而,將資料庫分開實屬不易,需要考慮轉移期間的資料同步、邏輯與物理分解、交易完整性、聯結、延遲等問題。在本章,我們將從這些問題著手並探索有益處的模式。

但是,在開始之前,我們應先研究管理單個共享資料庫所面臨的挑戰及應對方式。

模式:共享資料庫

如同第 1 章所討論的,可從領域耦合、時間耦合或實現耦合的角度來考慮耦合。在這三種方法中,當談到資料庫時,實現耦合往往佔據了大部分的時間,因為人們普遍在多個模式之間共享資料庫,如圖 4-1 所示。

表面上看來存在許多服務之間共享單一資料庫的問題;但主要問題是我們剝奪了決定共享或隱藏什麼的機會,這正是面對隱藏資訊的動力,也表示很難理解哪些部分能安全地變更。知道外部方可以存取資料庫是一回事,但不知道他們使用的是哪個部分完全是另一回事。稍後我們會利用一些視圖來了解情況,但這並不是一個完整的解決方案。

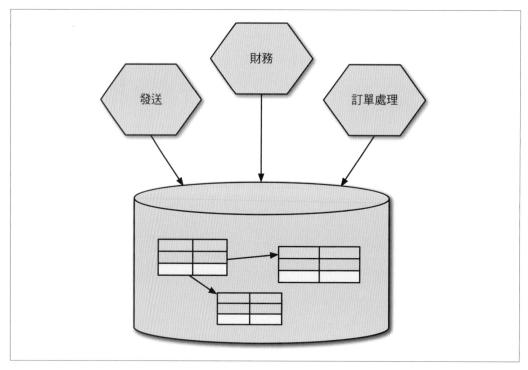

圖 4-1　多個服務直接存取相同的資料庫

另一個問題是，不清楚誰在「控制」資料。操作資料的商業邏輯在哪？現在是否已跨服務傳播？反過來說，這暗示了缺乏商業邏輯的凝聚力。如前所述，將微服務視為行為和狀態的結合，將一或多個狀態機封裝起來。倘若變更此狀態的行為現在散佈到系統中，要確保狀態機依然能夠正確實現是一個棘手的問題。

請看圖 4-1，假設三個服務可以直接更改訂單資訊，那麼如果此行為在各服務之間不一致要怎麼辦？當此行為需要更改時又該如何？——我一定要將所做的變更都套用在所有服務中嗎？正如前面提到的，我們致力於提高商業功能的凝聚力，但共享資料庫往往意味著相反的情況。

應對模式

儘管看似一項艱鉅的任務，但是分開資料庫以允許每個微服務都擁有自己的資料幾乎是首選方案。假若無法做到這一點，可使用資料庫視圖模式（請參閱第 117 頁的「模式：資料庫視圖」一節）或是資料庫包裝服務模式（請參閱第 122 頁的「模式：資料庫包裝服務」一節）。

應用在何處

我認為直接共享資料庫僅在兩種情況下適用於微服務架構。第一種情況是考慮唯讀靜態參考資料，這部分稍後會詳細探討，但請考慮一個持有國家貨幣代碼資訊、郵政編號及查詢表等的模式，此處的資料結構是高度穩定，且變更資料的控制通常由管理者處理。

我認為當服務將資料庫作為定義的端點公開並由多個使用者設計和管理時，將多個服務直接存取相同的資料庫是合宜的。把資料庫當作一個服務介面模式的想法會再進一步說明（可參閱第 124 頁的「模式：資料庫服務介面」一節）。

但這無法完成！

所以理想情況下，我們希望新服務具有獨立的模式，但不代表要從現有的單體式系統開始。我仍堅信在大多數情況下此為適當的做法，只不過剛開始未必總是可行。

正如我們即將探討的那樣，有時候它涉及的工作會花費很長的時間，或是涉及變更系統中敏感的部分。在這種情況下，使用各種應對模式可能會有幫助，至少可以阻止事情變得更糟；當然最好是可以成為踏腳石，迎向更好的發展。

模式和資料庫

過去我經常將「資料庫」和「模式」這兩個詞交替使用而感到愧疚，因這術語有些含糊有時會混淆大家。從技術上來講，我們可以將模式視為邏輯上分開的一組保存數據的表單，如圖 4-2 所示，多個模式可以掛在單一資料庫引擎上。

當人們說「資料庫」時，根據上下文判斷是指模式還是資料庫引擎（「資料庫已關閉！」）。

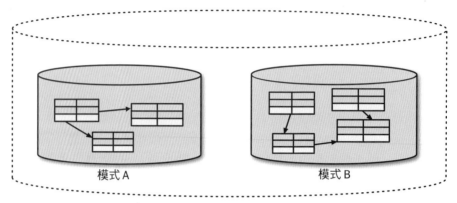

單一資料庫引擎

圖 4-2　資料庫引擎能承載多種模式的實例，每個模式以邏輯隔離

由於本章焦點主要放在邏輯資料庫的概念上，內文中常提到的「資料庫」一詞通常表示與邏輯隔離模式相關聯，而本章中我將堅持該用法。所以當看到我說「資料庫」，可以立刻聯想為「以邏輯隔離的模式」。為簡明扼要表達，除非特別說明，否則我將於圖表中省略資料庫引擎的概念。

有一點值得注意的是，在 NoSQL 資料庫中不一定有相同邏輯的隔離概念，尤其是指在雲端資料庫方面。舉例來說，在 AWS 上 DynamoDB 僅具有表單的概念，以角色身分來控制誰可以存取或更改資料，在這種情況下，這可能在邏輯隔離上帶來挑戰。

您將會遇到當前無法解決的系統問題。即便目前找不到方法，還是要與團隊中的成員一起討論，達成共識來解決問題，並確保現在開始的動作是正確的對策。之後過了一段時間，一旦增進新技能和累積經驗後，最初看似無法解決的問題也能迎刃而解。

模式：資料庫視圖

在希望多重服務享有單一資料來源的情形下，可利用視圖來減輕耦合的擔憂。透過視圖服務可以底層的有限投射模式呈現，這種投射可能會限制資料的可見度，隱藏資訊不讓服務存取。

作為公共窗口的資料庫

回溯到第 3 章，我們談及為已倒閉的投資銀行重新建構信用衍生品系統方面的經驗，從某種程度上來說，我們解決了資料庫耦合的問題：需要提高系統的吞吐量以供使用者快速回應。經過分析發現過程中遇到的瓶頸在於資料庫的寫入，所以經過很快的調整後，我們發現重組模式可以大大提升系統寫入效能。

就在這時，我們發現在控制以外的多個應用程序具有存取資料庫的權限，甚至有時還能讀取或寫入資料庫。不幸的是這些外部系統竟然具有相同的使用者名稱和密碼憑證，所以看不出來是誰、存取什麼資料。我們估計其中涉及「超過 20 個」應用程序，但這是根據接收到的網路呼叫分析而得的[1]。

 如果每個參與者（可能是人或外部系統）具有一組不同的憑證，則限制存取特定地方的權限、減少撤銷和轉換憑證的影響會變得比較容易，也能對每個參與者的行為更加了解。管理不同的憑證可能很麻煩，尤其在具有多組憑證來管理每個服務的微服務系統中；而我喜歡使用專精的神祕法寶來解決此問題。HashiCorp 的 Vault 在此領域（ *https://www.vaultproject.io* ）中為出色的工具，它可以為壽命短且範圍有限的資料庫產生執行者憑證。

我們雖不知使用者是誰，但又必須與他們聯繫；因此有人想到禁用他們正在使用的公共帳號，然後等待他們來客訴。這顯然不是解決當初不應遇到之問題的方法，卻意外起了作用。然而，我們意識到大多數的應用程序都沒有主動維護，這也就代表它們沒有機會更新來應對新的模式設計[2]。實際上，我們的資料庫模式已成為無法變更的公開合約，必須繼續保持該模式的結構。

1　若依賴於網路分析來判定是誰在使用資料庫的話，將會遇到麻煩。

2　有傳言說使用我們的資料庫系統之一是一個基於 Python 的神經網絡，沒有人理解但「就是能工作」。

呈現的觀點

我們優先解決外部系統對模式的寫入情況,幸運的是這個算容易解決。對於所有希望讀取資料的客戶,我們建立了專用的模式來託管如舊模式一樣的視圖,供客戶使用,如圖 4-3 所示。只要能維護視圖,就著涉及的儲存過程而言,即能在模式中更改。

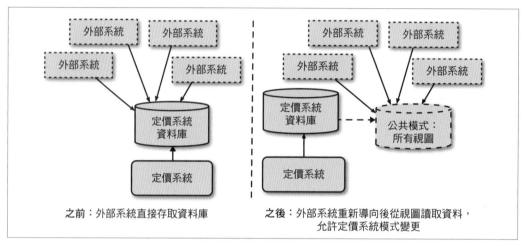

圖 4-3　利用視圖以允許底層模式的更改

在投資銀行實例中,至終視圖和底層模式之間的差異頗大。當然可以更簡易使用視圖,也許能隱藏不希望外界看到的資訊。以圖 4-4 舉一個簡單的例子,會員服務僅是系統中會員卡的表單。目前其資訊以橫列的方式儲存在客戶表中,為此我們定義了一視圖,僅公開客戶與會員編號的對應表而無其他任何資訊。同樣地,資料庫中可能包含相關的其他表單都從會員服務完全隱藏了。

視圖僅能從底層來源投射有限的資訊以供我們實行資訊隱藏的形式,使我們能控制要共享或隱藏的內容。然而此種方法仍存在一些限制,並不是完美的解決方案。

根據資料庫的特性,可以建立實化視圖,其通常利用快取來預先計算視圖。這意味著可從視圖而不需要從底層模式上讀取,來提高性能,並以解決更新的預先計算方法來權衡;其代表著正從視圖讀取「過時」的資料。

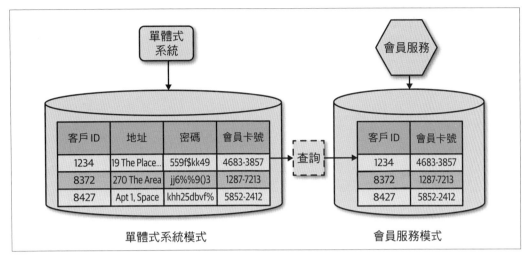

圖 4-4 投射底層模式子集合的資料庫視圖

限制

視圖的實現方式可能有所不同，但它們通常代表查詢的結果，具有唯讀性質，這立即限制了它們的功用。另外，儘管這是關聯資料庫常見的功能，且許多更成熟的 NoSQL 資料庫也都支援（例如 Cassandra 和 Mongo），但並非全部都支援。即使資料庫引擎確實支援視圖，但也可能存在某些限制，像是將來源模式和視圖都放在同一資料庫引擎的需要，這些都可能增加物理部署耦合而導致潛在性故障。

所有權

值得注意的是，底層來源模式的更改可能需要更新視圖，因此需要仔細思考誰「擁有」該視圖。我建議將任何發布的資料庫視圖想成類似於其他服務介面，因此團隊在照顧來源模式的時候應維持最新狀態。

應用在何處

通常在無法分解現有單體式系統模式的情況下會使用資料庫視圖。理想情況下，若最終的目標是透過服務介面以公開資訊，則應盡可能避免使用視圖，反而最好繼續進行適當的模式分解。此技術受到相當大的限制，但若您認為要完全分解的工作量極其浩大，那就表示您正在往正確的方向邁進。

模式：資料庫包裝服務

當有些事情難以處置時，隱藏混亂是有意義的。利用資料庫包裝服務模式能做到將資料庫隱藏於薄包裝程序的服務後面，將資料庫依賴關係轉變為服務依賴關係，如圖 4-5 所示。

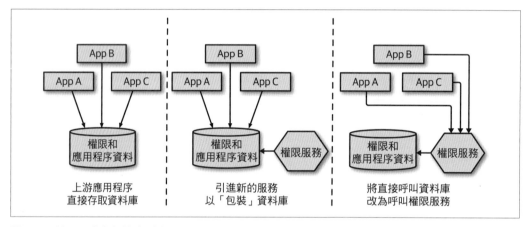

圖 4-5　利用服務來包裝資料庫

多年前我曾短暫於澳大利亞一間大型銀行工作，幫助公司實施改善生產的路徑。第一天我們與幾位關鍵人物進行訪談，了解他們所面臨的挑戰以及當前的進度。在會議空檔期間，身為公司該領域的 DBA 主管進來說道：「請阻止他們把東西放進資料庫！」。

我們喝了杯咖啡，DBA 提出了問題。在大約三十年的時間裡，商業銀行系統（該組織的皇冠珍珠）已初具規模。此系統最重要的部分之一即為管理所謂的「權限」。在商業銀行系統中，管理誰可以存取哪些帳戶、以及對帳戶能做的操作是非常複雜的。為了解這些權限的運作方式，請試想，允許某會計查看 A、B 和 C 公司的帳戶，但是對於 B 公司，他們最多可以在帳戶之間轉移五百美元；而對於 C 公司帳戶間轉帳無上限，但最多可提領二百五十美元。這些權限的維護和應用幾乎完全在資料庫的儲存過程中管理，而所有資料存取皆須經由授權邏輯來掌控。

隨著銀行規模的擴大，邏輯和狀態的數量不斷增長，資料庫漸漸變得無法負荷。「我們已盡力的捐錢給 Oracle 公司，但仍遠遠不敷使用。」令人擔憂的是，考慮到預計的成長趨勢，就算提高硬體效能，需求量仍然超出資料庫的性能。

當進一步探討該問題時，我們討論過分開模式的各部分以減少負載的想法。但其中最大的糾結點在於權限系統。要脫離此糾結會是一場惡夢，一旦出錯就會造成巨大的風險，走錯一步可能會使存取帳戶受到攔阻，或者更糟的是資金遭到不法人士的偷竊。

我們提出一個解決計劃，接受了在短期內無法更改權限系統的事實，但至少不能每況愈下；因此我們需要阻止人將更多資料和行為放入權限模式中。一旦成功即可刪除權限模式中較容易取得的部分，以減少負荷及對長期壽命的擔憂，同時也為下一步規劃爭取緩衝的空間。

我們談及新的權限服務能夠「隱藏」有問題的模式。最初此服務的行為不多，因為當前的資料庫儲存了許多已實現的行為；但目標乃是鼓勵團隊編寫其他應用程序將權限模式當作其他人的權限，並於本地儲存資料，如圖 4-6 所示。

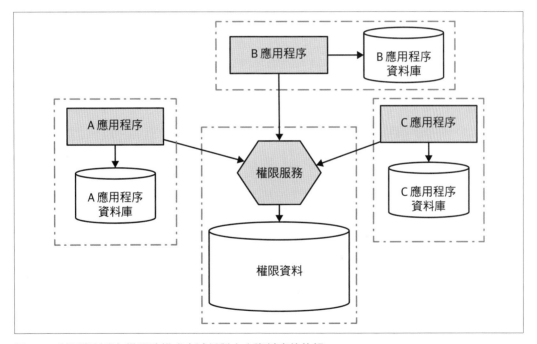

圖 4-6　利用資料庫包裝服務模式來減低對中央資料庫的依賴

就像使用資料庫視圖一樣，包裝服務可讓我們控制共享及隱藏的內容，為消費者提供了固定的介面並改善此種情形。

應用在何處

此模式在難以分開底層模式的情況下很有功效，透過放置明顯包裝於模式周圍，明確指出只能透過該模式存取資料，如此至少能阻止資料庫的增長。它能明確劃分哪些是「您的」或是「其他人的」，我認為當您將底層模式和服務層的所有權調整到同一團隊時，此方法最為有效。需要適度以服務 API 為管理介面並適當監督 API 層的變化。這種方法對上游應用程序也有益處，因為他們能更容易理解模式和服務層，及易於管理測試性活動。

與使用簡單的資料庫視圖相比，此模式具有優勢。首先，您不必對映到現有表單結構的視圖，可以在包裝服務中撰寫程式碼以對底層資料有更複雜的投射。包裝服務還可透過API 呼叫進行寫的操作；當然要採用此種模式確實需要上游消費者的改變，即他們必須從資料庫的直接存取轉移到 API 呼叫。

理想情況下，使用此種模式為進行重要變更的踏腳石，使您有時間分解 API 層下的模式，但可能會有人說我們只是解決表層問題而非根本原因。儘管如此，秉持著不斷改進的精神，我認為這種模式大有可為。

模式：資料庫服務介面

有時，客戶只需要一個資料庫來查詢，可能是因為他們需要查詢的是大量資料，或者是因為有外部方已經使用需要 SQL 端點配合的工具鏈（例如 Tableau 工具，常用於獲取對業務指標的洞察力）。在此種狀況下，允許客戶端查看服務於資料庫中管理的資料是很有意義的，但要注意的是應將服務邊界內使用的與外部公開的資料庫分開。

我見過一個有效的方法是建立專用的資料庫作為公開唯讀端點，並在底層資料庫更新資料時填充該資料庫。實際上服務可以把事件流作為一公開端點，並同步 API 當作另一公開端點，也可以供資料庫給外部使用者。在圖 4-7 中，我們看到訂單服務的例子，其透過 API 公開讀寫端點及唯讀介面的資料庫。對映引擎在資料庫內部進行更改，並確認外部所需的變更。

回報資料庫模式

Martin Fowler 在回報資料庫模式（*http://bit.ly/2kWW9Ir*）中有所紀錄，那為什麼在這裡要使用另一個名稱呢？隨著我與更多人交談後，意識到雖然回報是此種模式普遍的應用，但並不應該是人們使用該技術的唯一原因。與傳統的批次處理工作流相比，允許客戶定義即時查詢的功能範圍更廣。儘管此模式可能最為廣泛地用於支援回報用例，我仍想要一個不同的名稱來說明這事實，即它能更被廣泛地應用。

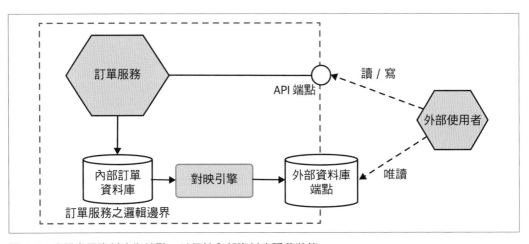

圖 4-7　公開專用資料庫為端點，以保持內部資料庫隱藏狀態

對映引擎可以完全忽略、直接公開或是介於兩者之間進行更改，關鍵在其作為內部和外部資料庫之間的抽象層。當內部資料庫架構變更時，對映引擎也需變動以確保公開資料的一致性。在大部分的情形下，對映引擎都會較遲寫入內部資料庫；一般說來，選擇使用對映引擎將會導致此延遲。讀取公開資料庫的客戶需要檢查他們正在讀的資料有無潛在性延遲，因此以程式設計方式公開外部資料庫最後更新時間的資訊可能較為合適。

實施對映引擎

這裡的細節在於如何更新，亦即如何實施對映引擎。我們已經研究了變更資料擷取系統，這會是一個很好的選擇、也是最可靠的解決方案，同時還提供了最新的視圖。另一種選擇是讓批次處理程序只負責複製資料，但它可能會導致內部和外部資料庫之間的時間延遲得更久，在某些情況下也很難確定要複製的資料模式。再來還有第三種選擇，即監聽從相關服務觸發的事件來更新外部資料庫。

過去我使用的是批次處理；但今天我可能會使用專門的變更資料擷取系統，例如Debezium（*https://github.com/debezium/debezium*）。我曾因批次處理程序無法運行或是運行時間過長多次感到挫敗。隨著世界遠離批次處理工作，以及希望更快獲取資料，漸漸地批次處理成為即時的解決方案。適當安裝變更資料擷取系統以解決此問題是很有意義的，尤其是考慮用來公開服務邊界外的事件時。

與視圖相比

這種模式比簡易的資料庫視圖較為複雜。資料庫視圖通常與特定的技術堆疊綁在一起：假設想要提供 Oracle 資料庫的視圖，那麼底層資料庫及管理視圖的模式皆在 Oracle 上運行。在這種方法下，公開的資料庫可以是完全不同的技術堆疊。我們可以一邊在服務內部使用 Cassandra，但是將傳統的 SQL 資料庫呈現為公開端點。

此模式比資料庫視圖較具有彈性，但是成本也相對較多。如果您的消費者需求可透過簡易的資料庫視圖來滿足，那麼在一開始的工作量相對會較少；但請注意這可能會限制介面的發展。您可以從使用資料庫視圖開始，然後再考慮是否要轉移到專門型回報資料庫。

應用在何處

很明顯地，由於作為供開端點的資料庫是唯讀的，因此這僅對需要唯讀權限之客戶端有用。它非常適合於回報，即客戶可能需要結合特定服務所保存的大量資料的情況，也可以延伸到把資料庫裡的資料匯入到更大型資料倉儲中，從而查詢來自多方服務的資料。我在《建構微服務》第 5 章中對此有詳細的討論和說明。

千萬不要低估確保外部資料庫投射為最新所需要的工作量，其取決於當前服務的實現方式，也許是一項複雜的工作。

所有權轉移

至目前為止尚未真正解決潛在問題，僅是將各種繃帶放在大型共享資料庫上。在開始考慮將資料從巨型單體式系統資料庫中提取出來之前，我們需要思考的是該將資料庫存放在何處。當把服務從系統中抽離出來時，有些資料該一併跟隨，但有些則需保留在原處。

如果我們接受微服務封裝與一或多個匯總相關聯邏輯，那我們還需要將其狀態和關聯資料的管理移轉到微服務自己的模式中；另一方面，如果新的微服務需要與仍由單體式系統持有的匯總互動，則需透過定義明確的介面來公開此功能。現在讓我們來看看這兩個選項。

模式：匯總公開單體式系統

在圖 4-8 中，新的銷貨單服務需要存取與銷貨單管理沒有直接相關的各種信息。至少它需要有關現有員工的資訊來管理審核工作，這些資料當前都在單體式系統資料庫內部，系統本身透過服務端點（可以是 API 或事件流）公開關於員工的資訊，我們確認了發票服務所需要的資訊。

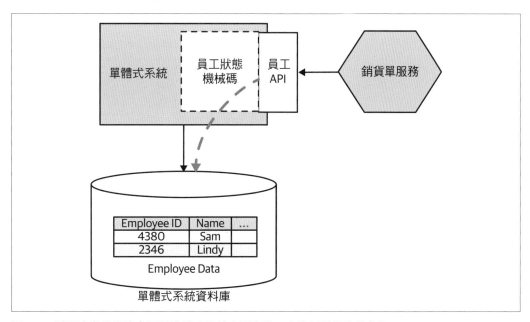

圖 4-8　透過適當的服務介面從單體式系統公開資訊，允許新微服務的存取

請將微服務視為行為和狀態的組合；我已經討論過將微服務視為包含一或多個管理領域匯總的狀態機之想法。當從單體式系統中公開匯總時，請以相同的方式思考，單體式系統仍然「擁有」狀態允不允許存在的概念，而非如資料庫周圍的包裝器看待。

除了公開資料外，我們還將允許外部各方查詢匯總的當前狀態並提出新狀態轉換需求，我們仍然可以決定從服務邊界公開匯總的狀態為何，以及外部可請求的匯總狀態轉換有哪些。

作為獲得更多服務的途徑

可藉由定義銷貨單服務的需求、在明確定義的介面中顯示公開所需的信息，我們正發掘潛在的未來服務邊界。在此示例中，下一步驟顯而易見的可能是提取員工服務，如圖4-9 所示。透過公開 API 給員工相關資料，我們已相當了解新員工服務的消費者需求。

當然，若我們已從系統中提取員工服務，而系統又剛好需要員工信息時，則可能需要變更它才能使用這項新服務！

應用在何處

當想要存取的資料是由資料庫所具有時，此模式能幫助新服務取得需要的存取權限。提取服務時，讓新服務呼叫系統以存取所需的資料可能比直接存取資料庫還費工，但是長遠考量卻是較好的想法。我僅於系統無法更改公開新端點的情況下使用資料庫視圖。在這種情況下，可以使用資料庫視圖亦可利用變更資料擷取模式（請參閱第 110 頁的「模式：變更資料擷取」一節）；或是於單體式系統的模式上建立專用型資料庫包裝服務模式（可參閱第 122 頁的「模式：資料庫包裝服務」一節），來顯示所需的員工資訊。

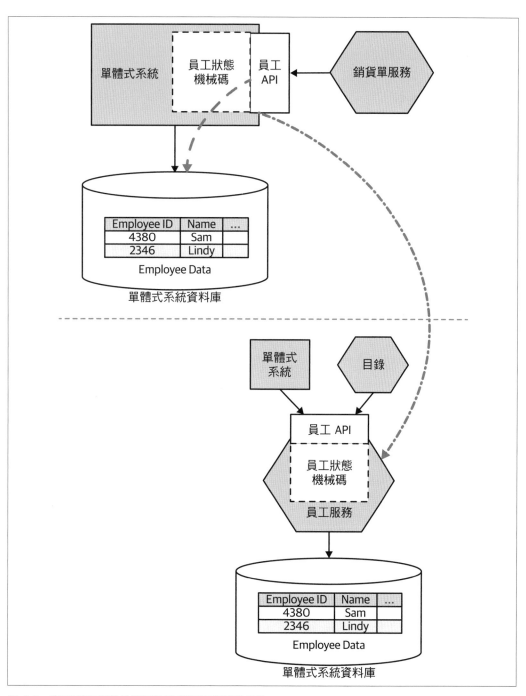

圖 4-9 利用現有端點的範圍驅動新員工服務的提取

模式：變更資料所有權

新的銷貨單服務需要存取其他功能持有的資料時會發生什麼事情，我們已於上一節討論過，那就是需要存取員工資料。但是，當前單體式系統的資料應由新提取的服務管控時，會發生什麼事情呢？

在圖 4-10 中簡要說明需要的變更。需要將與銷貨單相關的資料從單體式系統移出，並移至新的銷貨單系統中，因應當在此管理資料的生命週期。然後我們需要變更系統以將銷貨單服務視為銷貨單相關資訊的真實來源並對其進行更改，使其呼叫銷貨單服務端點來讀取資料或是請求變更。

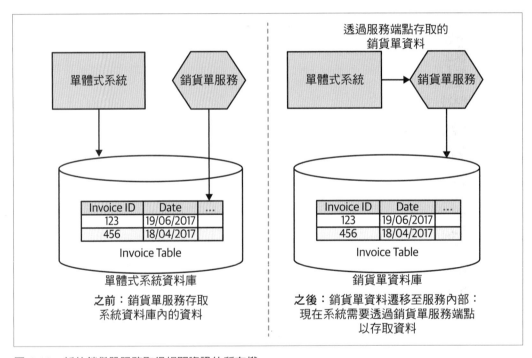

圖 4-10　新的銷貨單服務取得相關資訊的所有權

但是從現有的系統資料庫解開銷貨單資料可以是很複雜的問題。我們需要考慮到打破外來鍵、交易邊界等等的影響，這些題目將在本章後半段討論。若是可以更改系統，僅需要讀取銷貨相關的資料，則可考慮從銷貨單服務的資料庫中投射視圖，如圖 4-11 所示；但仍會受到該有的限制，因此強烈建議變更單體式系統以直接呼叫新的銷貨單服務。

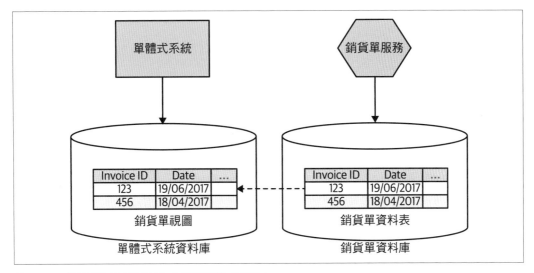

圖 4-11　將銷貨資料以視圖方式投回單體式系統中

應用在何處

這點再明確不過了。如果新提取的服務封裝了變更某些資料的業務邏輯，那麼這些資料應在新服務的控制之下，資料應從原處移到新服務中。將資料移出現有資料庫的過程絕非那麼簡單，實際上這部分也是本章的重點。

資料同步

如同在第 3 章所討論的，好比絞殺榕模式這類的好處之一為，當新服務出現問題時可再切回原有服務。當服務管理需要在單體式系統和新服務之間保持資料同步時，就容易發生問題。

圖 4-12 為一個正在切換到新的銷貨單服務之範例。但是新服務及系統裡現有的程式碼也可以管理此資料。為了實現來回切換的能力，我們需要確保兩邊程式碼皆能看到相同的資料且以一致的方式維護資料。

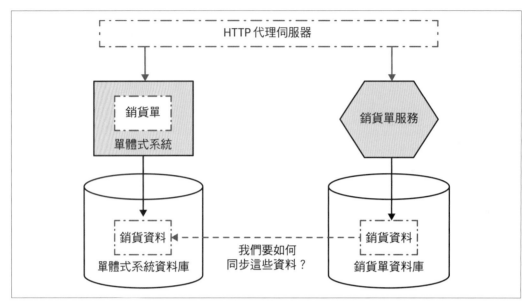

圖 4-12　我們希望利用絞殺榕模式遷移至新的銷貨單服務，但是由服務管理狀態

那麼我們在這裡有什麼選擇呢？首先要考慮的是兩個視圖之間資料一致性的程度。如果任何一組程式碼需要看到銷貨資訊完全一致的視圖，那最直接的辦法是保存資料於一個地方。正如在第 119 頁的「模式：資料庫視圖」一節所探討的，將使新的銷貨單服務在短時間內直接從單體式系統中讀取資料或是利用視圖。一旦切換成功即可開始遷移資料，如第 130 頁的「模式：變更資料所有權」一節所描述的。然而對於使用共享資料庫的擔憂不能被誇大：應該將其僅作為一種短期措施，作為更完整提取的一部分；若是將共享資料庫放置時間過長會造成長期的困擾。

如果要進行一次大規模的轉換（但我會盡量避免這種狀況），同時又要遷移應用程序程式碼及資料，則可使用批次處理程序在切換到新的微服務之前複製資料。與銷貨相關的資料一經複製於新微服務後，即可開始提供流量服務。但是如果需要退回到使用現有系統內的功能，要怎麼辦？於微服務模式中變更的資料不會反應在單體式系統資料庫的狀態，所以最後反而可能會丟失狀態。

另一種方法是考慮透過程式碼使兩者資料庫同步，因此單體式系統或新的銷貨單服務將對兩者資料庫寫入，這需要仔細的考慮。

模式：應用程序中的資料同步化

將資料從一地切換到另一地可能是複雜的工作，但資料越是有價值就越麻煩，一旦開始看病歷後，仔細思考如何遷移資料就顯得格外重要。

多年前顧問公司 Trifork 參與了一個項目，幫助儲存丹麥公民的病歷之綜合視圖[3]。初版系統是將資料儲存於 MySQL 資料庫中，但漸漸發現這無法應付所面臨的挑戰。因此決定使用備用資料庫 Riak，希望可以使系統更好的擴展以用來處理預期的負載，同時間還能增進彈性。

現有系統將資料儲存於一資料庫中，但系統能離線多久受到限制，因此資料不可丟失至關重要，於是允許公司將資料移動到新的資料庫中、建立用於驗證遷移的機制、並在此過程中具有快速退回機制之解決方案便應運而生。

應用程序本身決定在兩個資料來源之間進行同步。這個想法最初是將現有的 MySQL 資料庫作為事實的來源，但在一段時間內，應用程序將確保 MySQL 和 Riak 中的資料保持同步；在 MySQL 退役之前 Riak 將成為應用程序的真實來源。讓我們詳細看一下此過程。

步驟一：批量同步資料

第一步是在新資料庫中建立資料複本。病歷項目涉及到將資料從舊系統批量遷移到新的 Riak 資料庫中，且在批量資料匯入時，現有系統仍保持運作狀態，所以匯入的資料元是從現有 MySQL 系統中獲取的資料快照（如圖 4-13）。而這會帶來挑戰，因為當批量匯入完成時，資料源系統中的資料很可能已被更改。在此種情況下，讓系統離線是不切實際的想法。

批量匯入完成後立即執行變更資料擷取程序，套用匯入之後的變更。如此一來便能使 Riak 同步，一旦達成後，就是部署新版本應用程序的時候了。

3　有關此主題的詳細資訊，可查看 Kresten Krab Thorup 的演講「Riak on Drugs (and the Other Way Around)」（*http://bit.ly/2m1CvLP*）。

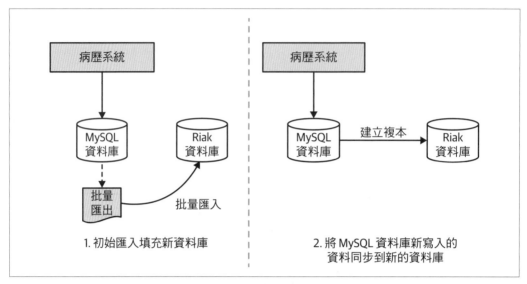

圖 4-13　準備新的資料儲存區供應用程序同步

步驟二：從舊模式同步寫入、讀取

在兩個資料庫皆同步的情形下，已部署新版本的應用程序會將所有資料寫入兩個資料庫中，如圖 4-14 所示。在此階段，目標是確保應用程序正確地寫入兩個來源，以及 Riak 之行為在可接受的範圍內。即使 Riak 倒下了，尚可從現有 MySQL 資料庫中讀取檢索資料。

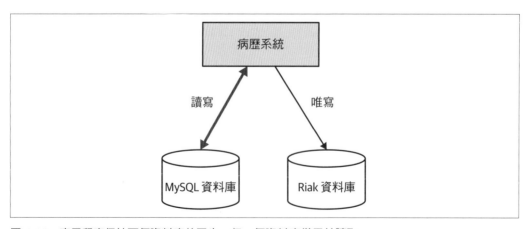

圖 4-14　應用程序保持兩個資料庫的同步，但一個資料庫僅用於讀取

直到新的 Riak 系統趨於成熟後，才會進行下一步。

步驟三：從新模式同步寫入、讀取

在這個階段寫入 Riak 的功能經驗證後為正常，最後一個步驟是確保讀取的作用良好。應用程序的簡易變更使 Riak 現在成為了事實的來源，如圖 4-15 所示。但請注意我們仍會同時寫入兩個資料庫，一旦發生問題還能備份。

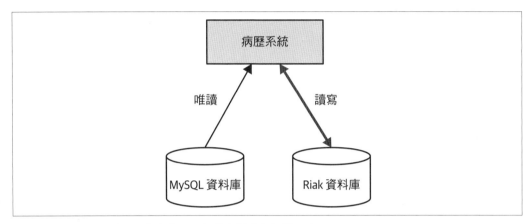

圖 4-15　現在新資料庫為事實來源，但舊資料庫仍保持同步

一旦新系統發展足夠成熟後，即可完全移除舊系統模式。

此模式應用在何處

使用丹麥病歷系統時我們只有一個應用程序可處理，但也一直討論拆分微服務的情況。那此模式真的有用嗎？首要考慮的是，如果要在拆分應用程序程式碼之前分開模式，也許非常合理。我們在圖 4-16 中恰好看到了這種情況，首先複製銷貨相關的資料。

如果正確，兩個資料源應始終保持同步，在一些需要快速切換退回方案等的情況下為我們提供了巨大的好處。由於無法在任何時間使應用程序離線，於丹麥病歷系統中使用此模式為明智的決定。

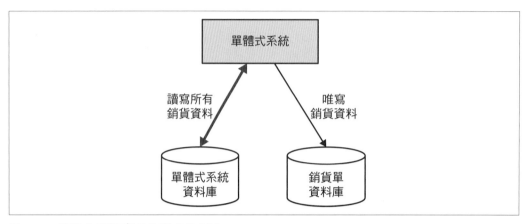

圖 4-16　單體式系統同步兩個模式的實例

應用在何處

現在您可以考慮使用此模式，如此單體式系統和微服務都可以存取資料，但會變得極其複雜。在圖 4-17 中，我們遇到了一個情況。單體式系統和微服務都必須確保跨資料庫的正確同步才能使此模式正常運作；若是任何一個地方出錯都可能造成麻煩。若能確保任何時候銷貨單服務皆在進行寫入，或者單體式系統的銷貨單功能可減輕複雜性，那麼使用簡易的切換技術（如討論過的絞殺榕模式）就能運作得很好。然而，若請求觸及系統的銷貨單功能或是新的銷貨單功能（也許是金絲雀的一部分），那可能就不會想要用此模式了，因為要使其同步相當棘手。

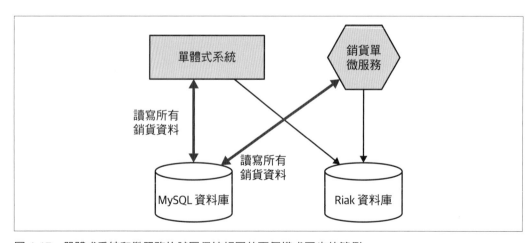

圖 4-17　單體式系統和微服務均試圖保持相同的兩個模式同步的範例

模式：追蹤器寫入

追蹤器寫入模式（概述於圖 4-18）可以說是應用程序模式中資料同步的變相（請參閱第 133 頁的「模式：應用程序中的資料同步化」一節）。透過追蹤器寫入能漸進地移動資料來源，使遷移過程中包容兩個真實的資料來源。新服務將管理重定位的資料，當前系統仍於本機端維護該資料的紀錄，但在進行更改時也要確保透過其服務介面將資料寫入新服務中。現有程式碼已能被更改好存取新服務，且一旦所有功能都將新服務當做真實的來源，那舊來源就能功成身退了。在兩者來源之間如何同步資料是需要謹慎考量的。

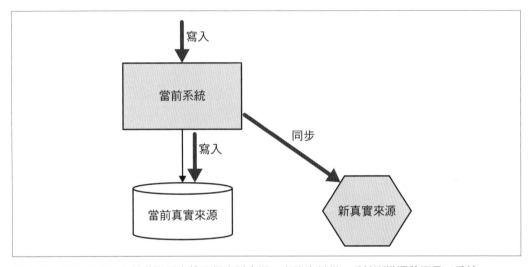

圖 4-18　追蹤器寫入在轉移期間容納兩個資料來源，允許資料從一系統漸進遷移至另一系統

一般而言都只希望單一事實來源就好，因為較能確保資料的一致性，也能控制資料的存取及降低維護成本。問題是如果堅持只為一個資料提供一個來源，那麼會面臨到的情形是需要巨大的轉換來改變資料的位置。在發佈前，單體式系統是真實的來源；發佈之後新微服務成了真實來源。在轉換過程中，各種事情都可能出差錯；因此諸如追蹤器寫入這類的模式允許階段性切換，以減少每次發佈造成的影響，換取擁有多個來源的相容性。

之所以稱為追蹤器寫入的原因是，可以從一小部分正在同步的資料開始，隨著時間的流逝，還可以增加新資料源的使用者數量。我們可以看圖 4-12 的範例，其中銷貨相關的資料已從單體式系統轉移至新的銷貨單微服務；首先同步基本的銷貨單資訊，然後是聯繫資訊，最後是付款紀錄，如圖 4-19 所示。

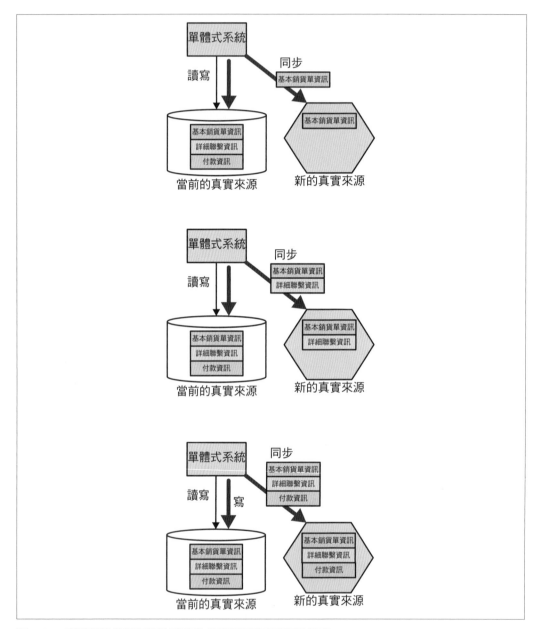

圖 4-19　漸進將銷貨相關資料從單體式系統轉移至銷貨單服務

其他需要銷貨相關資訊的服務可視需求決定從單體式系統或是新服務中取得。如果需要僅在系統中可用的資訊，那就得要等到該資料和支援功能的遷移為止。一旦新的微服務中的資料和功能皆可用時，消費者就能切換到新的真實來源。

本例子的目標是要遷移所有消費者以使用銷貨單服務，包含系統本身。在圖 4-20 中，我們看到了遷移過程中的幾個階段。一開始，僅將銷貨單訊息寫入兩個事實來源，資料一經同步正確後，系統即可開始從新服務中讀取資料。隨著更多資料同步，能將新服務當作越來越多資料的來源；一旦所有資料都同步化且舊有來源也已切換完成，即能停止同步資料的操作。

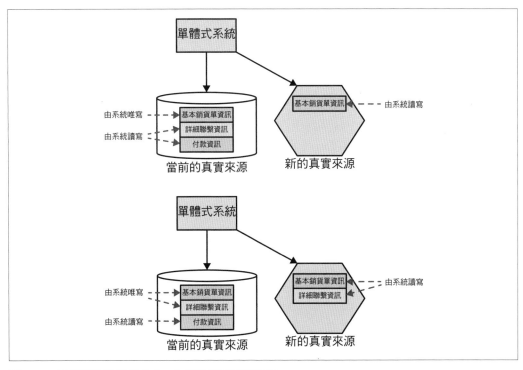

圖 4-20　追蹤器寫入的部分之一為淘汰舊有真實來源

資料同步

追蹤器寫入模式最大的問題是令人困擾的重複性資料不一致的情況，要解決此問題有以下選擇：

寫入一個來源

所有的寫入資料都被傳送至真實來源之一；寫入資料後資料將會同步到其他來源。

寫入兩個來源

將所有上游客戶端發出的寫入需求都傳送到兩個來源，這發生於確認客戶呼叫每個來源、或是依賴仲介程序將請求傳送到每個下游服務時。

寫入其一來源

客戶端可以寫入到任一真實來源，資料能在後台於系統之間以雙向方式同步。

無論是寫入兩個來源，抑或是寫入一個事實來源然後依賴某種形式進行背景同步，兩者似乎都是可行的解決方案，我們稍後將探討使用這兩種技術的範例。技術上來說雖然這是一個選項，但應避免此種方法（寫入其中一個事實來源），因為它需要難以做到的雙向同步。

在所有的使用案例中，兩個來源的資料同步間都會有些延遲，而這個不一致的持續時間取決於幾項因素。例如，如果使用的是夜間批次處理程序將更新從一個來源複製到另一來源，則第二個來源可能會包含至多為 24 小時的過時資料。若是不斷使用變更資料擷取系統將更新從一系統串流傳輸至另一系統，則不一致性可達到幾秒鐘或更短的時間內。

無論不一致性長達多久，同步能達到**最終一致性**；最終兩個來源具有相同的資料。您必須了解哪種情況下的不一致性較符合自己的情形，然後以此來實現同步。

 重要的一點是在維護兩者事實來源時，需要於過程中協調以確保如期同步。聽起來就像對資料庫執行 SQL 查詢指令般簡單，但是如果少了檢查的步驟，可能會導致兩個系統間的不一致，到發現時可能為時已晚。所以可以先試著在無消費者的前提下運行新的事實來源一段時間，直到確認其運行良好（Square 就是這麼做的，這部分稍後會談到），是非常明智的決定。

範例：Square 訂單

此模式最初是由 Square 開發人員 Derek Hammerm 所分享，之後也在其他案例看到此模式的應用 [4]。他詳細介紹使用方法來幫助解決 Square 訂購外賣食品相關的問題。在原始的系統中，單一訂單概念用於管理多重工作流程，包含客戶訂單、餐廳準備以及管理外送員提取餐食並送達至客戶端的狀態。這三方利益相關者的需求是不相同的，儘管三方都使用相同的訂單資訊，但是該訂單對他們每個人的意義卻不同。對客戶而言，這是他們願意花錢想要得到的；對餐廳來說是需要烹飪等待領取的東西；對於外送員來說，是需要及時從餐廳領取給客戶的東西。儘管需求不同，但訂單相關的資訊緊緊相連。

將所有工作流程綁綁到單一訂單之概念可以視為之前說的**交付爭議**之源頭：不同開發人員嘗試針對不同用途進行更改會產生互相干擾，因為他們都需要程式庫中的同一部分進行變更。因此 Square 希望將訂單分割以便獨立變更每個工作流程，還能實現不同的擴展及強健需求。

建立新服務

第一步驟是建立新的配送服務，管理與餐廳和外送員相關的訂單資料，如圖 4-21 所示。該服務將成為訂單資料子集合的新真實來源；最初它僅允許建立與履行服務相關的實體功能。啟用新服務後，後台工作人員將把履行服務相關的資料從現有系統複製到新的履行服務中，而該工作人員則是利用履行服務提供的 API 存取資料庫，避免直接存取的需要。

利用可開啟或關閉的旗標來控制後台工作者，當生產過程中有任何問題，則可輕易關閉；待運行一段足夠的時間確保同步運作正常後，便可移除功能旗標。

---

4 Sangeeta Handa 在 QCon SF 會議上分享了 Netflix 如何利用這種模式作為其資料遷移的一部份，Daniel Bryant 隨後將其描述出來（*http://bit.ly/2m1EwHT*）。

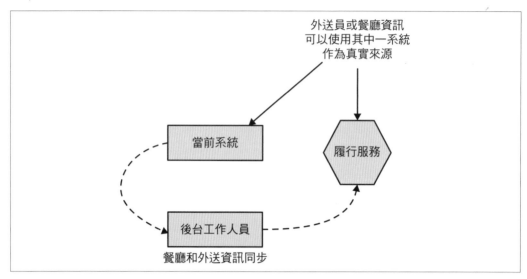

圖 4-21　新的履行服務用於複製現有系統中履行相關的資料

同步資料

同步的挑戰之一是其單向性。對現有系統進行的變更，導致透過履行服務 API 將其資料寫入新的服務中。Square 是以更新兩者系統來解決問題，如圖 4-22 所示，但又不必對兩者都進行所有的更新。如同 Derek 解釋的，履行服務僅代表訂單概念的某一子集合，只需複製外送員及餐廳在意的訂單更改資訊。

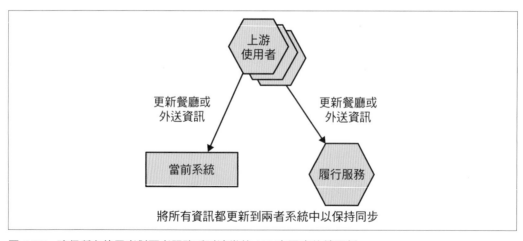

圖 4-22　確保所有使用者對兩者服務呼叫適當的 API 來同步後續更新

任何變動到關於餐廳或外送資訊的程式碼都需要進行更新，使用兩組 API 呼叫，一組呼叫現有系統，另一組呼叫相同的微服務。倘若對某上游客戶端的寫入是成功的，但另一端卻失敗了，則這些上游客戶端就需要處理錯誤。對兩個下游系統（現有訂單系統及新的履行服務）的變更並非以原子的方式完成；這代表可能會有簡短的窗口，在其中一個系統中可以看到變更，而另一個系統則無法看到。在套用這兩者變更之前，您可能看到兩個系統之間存在不一致的地方；這就是前面討論過的**最終一致性**其中一種形式。

就訂單資訊的最終一致性而言，對特定案例來說不是問題，因系統之間的資料同步速度夠快，所以不會影響到系統用戶。

如果 Square 長久以來使用事件驅動的系統來管理訂單變更，而非採用 API 呼叫，那麼他們可以考慮另一種方式。在圖 4-23 中看到有一單一的信息串流，能觸發訂單狀態的更改，而現有系統和新的履行服務皆會收到相同的信息。上游客戶端並不需要知道這些信息有多個使用者收到；反倒可以透過發布訂閱方式來處理。

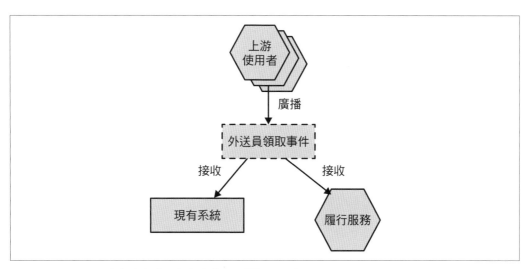

圖 4-23　另一種同步方式為讓兩個事實來源訂閱相同的事件

僅僅為了滿足這類案例而將 Square 的架構改造為基於事件的架構是相當費工的事情，但若是已經使用基於事件的系統，則可輕鬆地管理同步過程。另值得注意的一點是，這類的體系結構仍會表現出最終一致性，因不能保證現有系統和履行服務都能同時處理相同事件。

遷移消費者

現在新的履行服務擁有餐廳和外送員相關的工作流程中需要的資訊，管理這些流程的程式碼可以開始切換成使用新服務。在遷移過程中，可以添加更多功能來滿足消費者需求；起初履行服務僅需要啟用單個 API 來創建後台工作者的新紀錄。隨著消費者的遷移，可以評估他們的需求並將新功能增加到服務中來支援消費者。

在 Square 的案例可以看到這兩種方式，漸進遷移資料及促使消費者使用新的事實來源都證明了其功效。Derek 表示，要達到所有消費者都轉換幾乎是一件不可能的事；他僅是利用例行性發佈中做出小變更（也是我一直積極提倡漸進遷移模式的原因！）。

從領域驅動設計的角度來看，可以說交付外送員、客戶和餐廳相關的功能皆代表了不同的邊界上下文。站在觀點的基礎上，Derek 建議，理想情況下可將履行服務進一步拆分成兩個服務，一是餐廳，另一個是外送員服務。儘管看似還有拆分的空間，但這個分法似乎已相當成功了。

Square 決定保留重複資料。在現有系統中備份與餐廳和外送相關的訂單資訊，可以使公司在無法實現履行服務的情形下仍可看見所需的資訊，無庸置疑地這就需要保持同步。然而我好奇這是否會隨著時間而改變。一旦對履行服務有足夠的信心，則可刪除後台工作人員，並使消費者進行兩組呼叫的更新來簡化架構。

應用在何處

大多數的工作可能都會同步，但如果可以避免雙向同步而利用較簡單的選項，則此模式會更容易實現。如果已經使用事件驅動的系統，或者有可用的變更資料擷取管道，那麼可能已經有很多的構建模塊可以讓同步正常運作。

兩者系統之間對於不一致時間的容忍度確實需要仔細考量。有些人可能不在意，但有些人可能希望能立即複製資料，可包容的不一致時間越短，就越難實施。

分割資料庫

我們已經詳細討論過使用資料庫作為多種服務集成的方法會面臨到的挑戰,現在也應該很清楚了,我不是粉絲!這意味著我們需要在資料庫中找到可以清晰分割的縫隙;然而,資料庫就像是棘手的野獸。在介紹一些範例之前,我們先簡要討論邏輯分割和物理部署之間的關係。

物理與邏輯資料庫分割

當談到分割資料庫時,主要是嘗試實現邏輯分割。如圖 4-24 所示,單一資料庫引擎可以完美承載多個邏輯分割的模式。

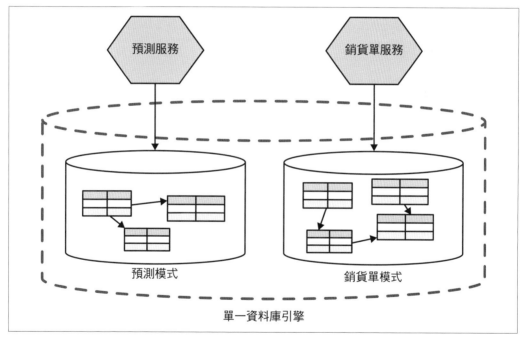

圖 4-24 兩個服務使用獨立的邏輯模式,均運行在同一物理資料庫引擎上

我們還能進一步地將每個邏輯模式放在獨立的資料庫引擎上做物理分割,如圖 4-25 所示。

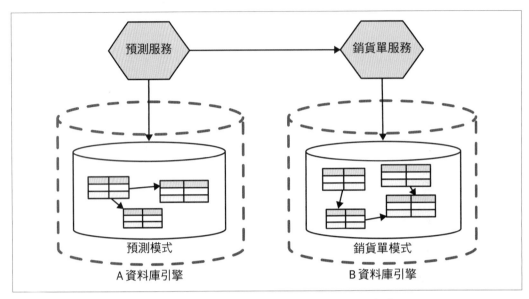

圖 4-25　兩個服務使用獨立的邏輯模式，並各自在自己的物理資料庫引擎上運行

為何要在邏輯上分割模式，卻仍將它們放在單個資料庫引擎上呢？從根本來說邏輯和物理分割可以實現不同的目標。**邏輯分解**允許簡易的單獨變更和資訊隱藏；而**物理分解**則可提高系統的強健性，以幫助消除資源爭議進而提高吞吐量或延遲。

如圖 4-24 所示，當在邏輯上分解資料庫模式卻將它們保留在相同的物理資料庫引擎上時，會有潛在性的故障發生。一旦資料庫引擎出現問題，則兩個服務都會受到影響。但是許多資料庫引擎具有避免單點故障的機制，例如多重主要資料庫模式、熱故障轉移機制等。事實上，公司可能早已注入龐大的心力在創建高彈性資料庫集群，且由於涉及的範圍廣大如時間、精力、成本，很難證明擁有多個集群是合理的。（這些惱人的許可費用可能會不斷增加！）

另一個要考量的問題是，如果要公開資料庫視圖，則需要具有共享同一資料庫引擎的多個架構。無論是來源資料庫還是管理視圖的模式都需在同一資料庫引擎上。

當然，為了在不同的物理資料庫引擎上運行單獨的服務，需要先於邏輯上分解架構！

先分割資料庫還是程式碼？

到目前為止，我們已討論有助於與共享資料庫一同使用的模式，並希望繼續使用較小耦合的模型，稍後我們將詳細了解資料庫分解的模式，但在那之前，我們需要先討論順序。在應用程式碼於其自己的服務中運行、並將其控制的資料提取到邏輯分離的資料庫之前，提取微服務不會「完成」。但這本書主要是關於實現漸進變更，因此我們要探索一些有關於如何排序提取的方法。我們有以下幾種選擇：

- 先分割資料庫，再程式碼。

- 先分割程式碼，再資料庫。

- 同時分割兩者。

每種選項都有其優缺點。根據您選擇的方法，讓我們來看看這些選項及可行的模式。

先分割資料庫

使用獨立的模式可能會增加執行單次操作資料庫呼叫的次數。以前可能只需要一個 SELECT 語法就能擁有想要的資料，但現在我們需要從兩個位址撈資料並放入記憶體內。同樣地，當我們搬移至兩個模式時，最終會破壞交易完整性，可能會對應用程序產生重大影響；這部分的挑戰將於本章後段討論，其涵蓋分散式交易和 saga 等主題，以及它們如何提供幫助。利用拆分模式卻將應用程序碼放在一起，如圖 4-26 所示，會發現走錯路了，就需要還原變更或是調整，確保不影響服務的使用者。一旦對分開資料庫有信心，就可以考慮將應用程序碼分成兩個服務。

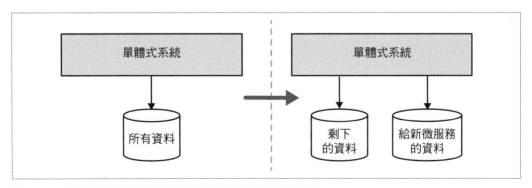

圖 4-26　先拆分模式可以儘早發現性能或交易完整性的問題

壞處是此方法可能無法產生太多的短期利益；因此仍有單體式系統的部署。可以說隨著時間流逝，共享資料庫的痛苦會逐漸浮現，因此我們正花費時間和精力來換取長期回饋，而非足夠的短期利益。有鑑於此，我僅會於特別擔心潛在性能或資料一致性問題時才使用此方法。除此之外，還需要注意的一點是，如果單體式系統本身是黑盒子系統如商業軟體，那麼也無法使用此方法。

工具說明

變更資料庫很困難的原因有許多，其中之一為可用來輕鬆更改的工具有限。可以利用程式碼重構工具將其內建至 IDE 中，還兼有把要更改的系統改為無狀態的附加好處。對於資料庫而言，欲更改的項目具有狀態，同時也缺乏良好的重構類型工具。

多年前因為工具上的鴻溝，我和兩個同事 Nick Ashley 和 Graham Tackley 攜手合作創建了一個名為 DBDeploy 的開發工具。它現在已不存在了（創建開源工具跟維護它完全是兩碼子事！），其運作方式為允許在模式上運行的 SQL 腳本中擷取變更。每個模式都有其特定的表單，用於追蹤哪些模式腳本已被應用。

DBDeploy 的目標是允許對模式漸進變更，並在不同時間、多個模式（如開發人員、測試和生產模式）上執行變更，以管控每次的發行版本。

如今我都推薦 FlywayDB（*https://flywaydb.org*）或提供類似功能的工具給人。但無論選用哪種工具，我都強烈建議要確保它能允許您獲取可控制版本中的每個變更。

模式：每個邊界上下文的儲存庫

一種常見的做法是擁有一個由 Hibernate 之類的框架支持的儲存庫層，以綁定程式碼到資料庫，從而在資料庫中對應目標物件或資料結構。如圖 4-27 所示，將儲存庫沿著邊界上下文劃分是很有價值的，而不是讓所有資料存取單一儲存庫。

對於給定的上下文，將資料庫對應共置在程式碼內部的代碼，可以幫助了解哪些程式碼使用了資料庫的哪些部分。例如如果您在每個邊界上下文中使用諸如對映檔案之類的東西，那麼 Hibernate 可以使之清晰。因此我們可以得知哪些綁定邊界上下文、存取模式中的哪些資料表；這對未來分解時要移動哪些表有莫大的幫助。

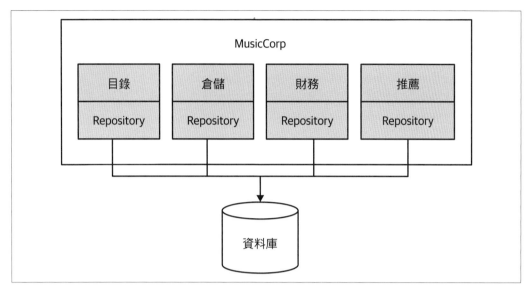

圖 4-27　分割儲存庫層

但是這無法為我們提供完整的故事。例如，我們也許可以判斷財務程式碼使用分類帳目表、目錄程式碼使用項目表，但並不清楚資料庫是否強制執行從分類帳目表到項目表之間的外來鍵關係。查看資料庫級別的限制可能會成為阻礙，因此需要使用另一種工具來視覺化數據。良好的起點可從使用免費提供的工具開始，像是 SchemaSpy（*http://sche maspy.sourceforge.net*）可以圖形化表達表單之間的關係。

上述這些皆能幫助了解表單之間的耦合，最終可能成為服務邊界的範圍。但是要如何切斷之間的關聯？而當多個邊界上下文都使用相同的表又將如何？我們將於本章後面詳細探討此主題。

應用在何處　此模式在重整系統以更了解如何分割的情況下非常有效。按照領域概念分割儲存庫層有助於了解微服務的縫隙可能不僅存在於資料庫中，也於程式碼中。

模式：每個邊界上下文的資料庫

一旦從應用程序角度確立分離的資料存取，便有必要將此方法延展應用於模式中。微服務獨立部署之核心為擁有自身的資料，在分割出應用程式碼之前，我們可以透過圍繞於可識別的邊界上下文明確地分離資料庫來開始分解。

我們曾在 ThoughtWorks 實施新機制來計算和預測公司的收入。過程中我們確定需要撰寫三個主要功能區域，並與專案負責人 Peter Gillard-Moss 討論，他解釋說，此功能感覺上很獨立，但他擔心將該功能掛載到分離的微服務中會帶來額外的負擔。當時他的團隊規模還很小（僅有三個人），並且尚未證明分割新服務是合理的。至終，他們選擇在一個模型上將新的收入功能部署為單個服務，其中包含三個分離的邊界上下文（每個以單獨的 JAR 檔結尾），如圖 4-28 所示。

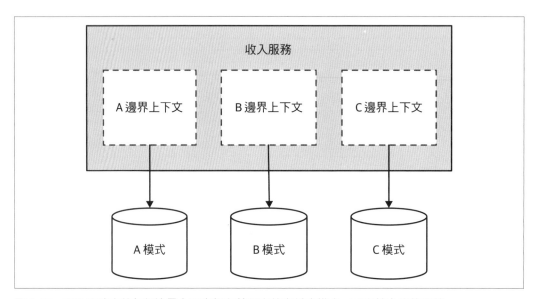

圖 4-28　收入服務中的每個邊界上下文都有其獨立的資料庫模式，可用於之後的分離

每個邊界上下文皆有其完全獨立的資料庫，其理念是若以後要將它們分離成微服務會容易許多；但事實證明並無必要。數年後，此收入服務保持不變，仍為具有多重關聯資料庫的單體式系統──此為模組化單體式的絕佳例子。

應用在何處　乍看之下，如果把所有事情都當作一個單體式系統，那麼維護分離的資料庫的工作就顯得沒有意義了，我認為這是與您的賭注相沖的模式。與單個資料庫相比，這可能需要更多的工作來完成，但可以保留到之後轉移至微服務再來選擇。即使從未使用過微服務，將支援資料庫的模式確實分離也能提供幫助，尤其在很多人同個時間於系統內工作時。

我幾乎都會建議人使用此模式來構建嶄新的系統（而不是重新實現現有系統）。我對於為新產品或初創公司實現微服務不感興趣；因為您對領域的了解可能還不夠成熟，無法確立穩定的領域邊界。特別是初創公司，他們剛構建的項目性質可能會發生巨大的變

化，不過此模式應為不錯的選擇。將模式分離保持在認為將來可能會有服務分離的位置也許會帶來幫助，同時又能降低系統的複雜性。

先分割程式碼

一般來說，大多數團隊採取的是先分割程式碼，再分割資料庫，如圖 4-29 所示。他們（希望）從新服務中獲取短期改善，使他們有信心透過分離資料庫完成分解。

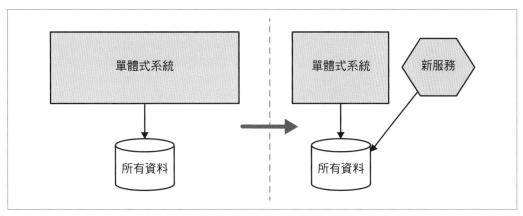

圖 4-29　先分割應用程序層使我們擁有共享模式

分割應用程序層能更容易了解新服務所需的資料，還能有較早擁有可獨立部署之程式碼的好處。我對於此方法一直以來的擔心，是怕團隊可能好不容易走到這一步卻停下，只留下共享資料庫繼續運作。倘若這是您所朝的方向，那必須了解到如果沒有完成資料層的分離，之後便會帶來麻煩。我就見過陷入此難的團隊，但也很高興地跟大家說，有的組織在這裡做了正確的事情。JustSocial 即為一例，利用此方法作為遷移微服務的一部分；而另一個潛在挑戰是可能會延遲發現因將連接操作推到應用程序層所造成的意外。

如果這是您要的方向請誠實地問自己：是否有信心能將微服務的所有資料分割出來作為下一步？

模式：當作資料存取層的單體式系統

與其直接從單體式系統存取資料，不如移入一模型在其中創建 API。在圖 4-30 中，銷貨單服務需要客戶服務中關於員工的資訊，因此我們建立了員工 API，允許銷貨單服務的存取。JustSocial 的 Susanne Kaiser 與我分享了此模式，因為該公司已成功將其用作遷移微服務的一部分，它有多重用途，但令我驚訝的是它似乎沒有應有的知名度。

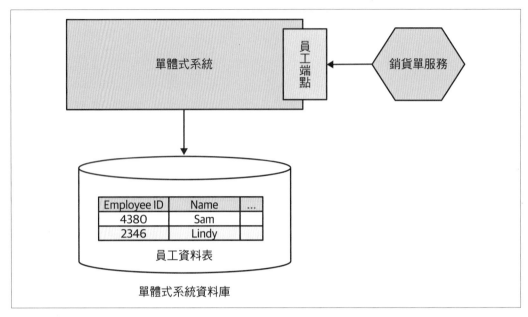

圖 4-30　在單體式系統上公開 API 可以使服務避免直接綁定資料

此方法未被廣泛使用的部分原因可能是人們心中的一種想法：認為單體式系統已死，沒有任何用處，想要擺脫它而不是把它變得更有用！但這裡有明顯的好處是，我們不必解決資料庫分解但要隱藏資訊，進而使新服務從單體式系統分離更加容易。若我認為單體式系統中的資料應保留在模型中，那會傾向採用此模型，但如果新服務實際上是無狀態的話，也是可以運作良好的。

將這種模式視為識別其他候選服務的一種方法並不難。要擴展這個想法，我們可以從圖 4-31 看到員工 API 從單體式系統中分離出來，成為自己的微服務。

應用在何處　當管理資料的程式碼仍於系統中時，此模式最為有效。正如前面討論過的，談及資料時，要想到微服務的一種方法為狀態的封裝、以及管理狀態的程式碼。因此，若單體式系統仍提供資料的狀態轉換，要存取（或變更）該狀態的微服務則需要經過系統狀態的轉換。

欲從系統資料庫中存取的資料確實是由微服務所「擁有」的話，那麼我比較建議跳過此模式，將資料分割出來。

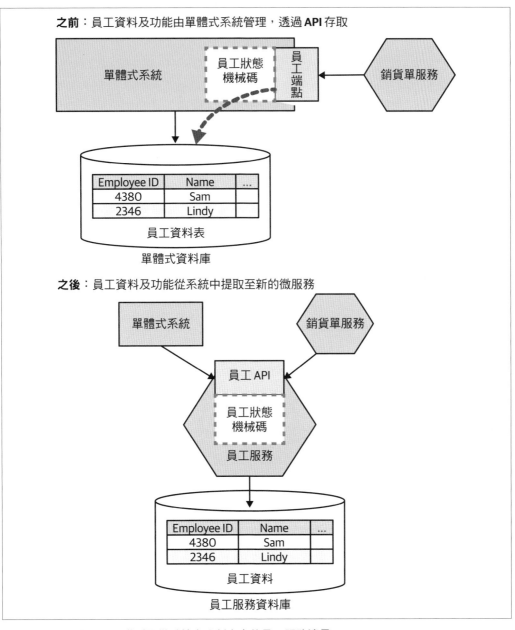

圖 4-31　利用員工 API 識別要從系統中分割出來的員工服務邊界

多模式儲存

正如前面討論過的，不使狀況變得更糟是個好主意。如果還在直接使用資料庫中的資料，並不代表微服務儲存的新資料也要儲存在內。圖 4-32 呈現了一個銷貨單服務的範例。銷貨單核心資料仍存在於系統中，也是目前存取的地方。我們於銷貨單服務新增了全新的審查功能；為此就需要儲存一個審查者表單，將員工對映到銷貨單 ID，將新表格放入系統中幫助擴展資料庫！但我們反而將新資料放入自己的模式中。

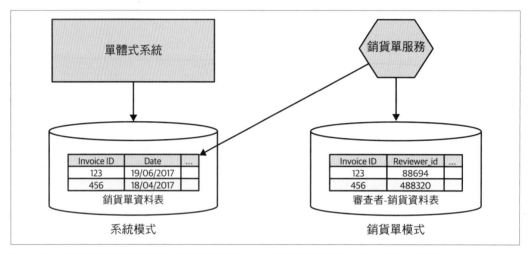

圖 4-32　銷貨單服務將新資料放入自己的模式中，但仍可直接存取系統中的舊有資料

在此範例中，我們必須考慮當外來鍵關係跨越至模式邊界時會發生什麼事；這部分會在本章後段深入探討。

從單體式系統資料庫中提取資料會花費一些時間，並不是一步就能完成的。因此應該為微服務能存取資料庫中的資料、且同時還能管理自我的本地儲存感到高興。當要從系統中清除其餘資料時，可以一次性的將其遷移至新的模式中。

應用在何處　當微服務新增需要儲存資料的全新功能時，此模式能運作得很好。顯然地，這些資料並非單體式系統所需（功能不存在），因此從一開始建議將其分開。此模式在把資料從單體式系統中遷移到自己的模式下也很有意義，但這個過程可能需要一些時間。

如果在單體式系統中存取的資料是從未想過要遷移的，那我會強烈建議您將系統當作資料存取層模式（可參閱第 151 頁的「模式：當作資料存取層的單體式系統」一節）並與此模式結合使用。

同時分割資料庫和程式碼

當然從階段的角度來看，我們可以選擇將其分解為一個較大的步驟，如圖 4-33 所示，同時分割資料庫和程式碼。

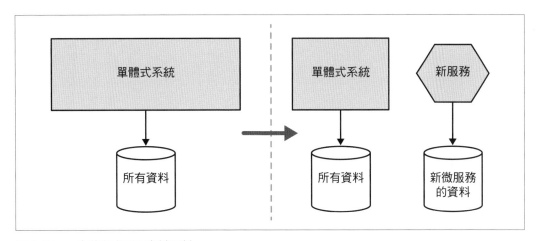

圖 4-33　一步將程式碼和資料分割

我擔心此處的龐大步驟需要更長的時間才能評估決策的結果。我強烈建議避免使用這種方法，而應先分割模式或應用程序層。

我到底該先分割哪個？

我懂所有東西都要「視情況而定」這種令人討厭的感覺，但這不能怪你。問題點就是每個人的情形不同，所以我盡力地提供足夠的相關背景知識並分析各種利弊以幫助您決定；但我也知道有時候人們想要的就是熱門的話題，這也就是困難所在。

若是可以變更單體式系統，也對效能或資料一致性的潛在影響擔心，那我會首先考慮分割模式，否則我會分割程式碼來幫助理解如何影響資料所有權。但重要的是也要為您自己考慮，包含可能會影響決策過程因素的任何特定情況。

模式分離範例

到目前為止，我們已在相當高的層次上研究模式分離，但與資料庫分解相關的挑戰相當複雜，還需探索一些棘手的問題。現在我們將研究一些較低層次的資料庫分解模式並探討其可能產生的影響。

關聯資料庫與 NoSQL 比較

本章所提及的諸多重構例子都探討到使用關聯模式時面臨的挑戰。這類的資料庫特性在分開模式上也帶來其他的挑戰。你們當中可能有許多人正在使用其他類型的非關聯資料庫，但是以下許多模式仍然適用。您可能對變更的約束變少了，但希望我的建議仍然有效。

模型：分割資料表

有時您可能會在單個表單中找到需要劃分為兩個或多個服務邊界的有趣資料。在圖 4-34 中，有一共享的項目資料表包含已銷售商品及庫存的資訊。

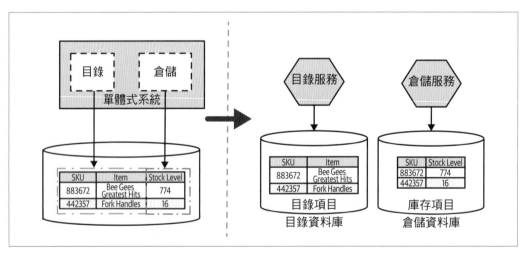

圖 4-34　銜接兩個邊界上下文的單一資料表

在此範例中,我們希望將目錄和倉儲分割為新服務,但這兩者的資料混合到同一表中,因此需要先將其資料拆分為兩個獨立表,如圖 4-34 所示。秉持漸進遷移的精神,在分離模式之前將資料表分割為現有模式是具有意義的。如果這些表都儲存在單一模式中,則應該宣告外來鍵建立「庫存項目 SKU」和「目錄項目」之間的關係。但由於最終我們希望將這些資料表移至單獨的資料庫中,因此我們可能不會從其中獲得太多收益,因為缺乏一個確保資料一致性的資料庫(稍後會再詳細探討此想法)。

這是相當簡易的例子,能輕鬆逐列分離資料所有權。但是當多段程式碼都更新到同一列時會發生什麼事?在圖 4-35 中,有一客戶資料表內含狀態的欄位。

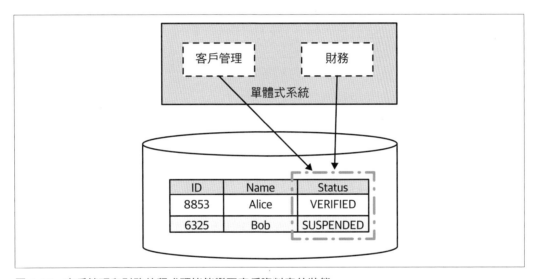

圖 4-35　客戶管理和財務的程式碼皆能變更客戶資料表的狀態

在客戶註冊過程中此欄位會更新,以表示某人已經(或尚未)驗證電子郵件,其值會從 NOT_VERIFIED 變成 VERIFIED。客戶經驗證完成後才可開始購物。如果客戶未付帳單,則會暫停客戶的業務,所以有時會看到狀態為「已暫停」。在這種情況下,客戶的狀態感覺起來應為客戶領域模型的一部份,應交由即將創建的客戶服務管理。請記住我們希望將實體的狀態機保持在單個服務邊界內,而對客戶而言,更新狀態就像是狀態機的一部份!這意味著服務分割後,新財務服務需要呼叫服務以更新此狀態,如圖 4-36 所示。

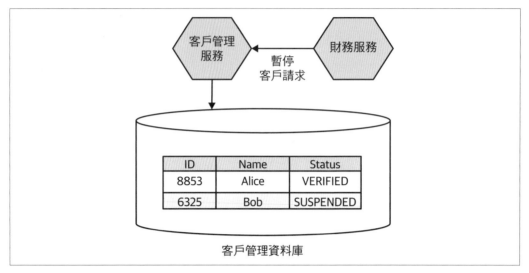

圖 4-36　新的財務服務必須呼叫服務來暫停客戶

分割資料表的其中一個大問題是,失去了資料庫交易賦予的安全性。我們會於第 171 頁的「交易」和第 176 頁的「Sagas 交易模式」一節更深入探討。

應用在何處

表面上看似簡單,當有兩個或多個邊界上下文擁有表單時,就需要沿著這些行來分割。如果在該表中發現某些行被程式庫中的多個部分都更新到,則需要建立一個呼叫來判斷該由誰「持有」。這是您現有的領域概念嗎?其有助於確定該資料應存放的位置。

模式:將外來鍵關聯移至程式碼

我們已經決定要提取目錄服務,管理和公開關於藝術家、曲目和專輯的資訊。目前系統中與目錄相關的程式碼部分是使用專輯表單來儲存有關可銷售 CD 的資訊。這些專輯最終在我們用來追蹤所有銷售的分類帳目表中作為參考,如圖 4-37 所示。分類帳目表中的行僅記錄收到 CD 的數量,以及指向所銷售商品的標識。在這個範例中,以 SKU(庫存單位)來標識為零售系統中的常見作法。

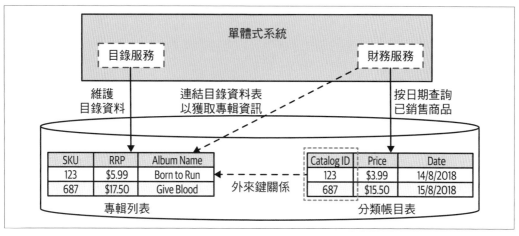

圖 4-37　外來鍵關聯

每個月末我們需要產出報告，點出最暢銷的 CD。分類帳目表即能幫助了解哪種 SKU 銷售量最大，但是關於 SKU 的資訊卻是在專輯資料表中。為了使報告淺顯易懂，與其說「我們售出 400 張 SKU 123 並賺了 1,596 美元」，不如說「Bruce Springsteen 的《Born to Run》售出了 400 張，收入為 1,596 美元」以增加銷售商品的資訊。為此，財務程式碼觸發資料庫中的查詢功能，需要將資訊從分類帳目表關聯至專輯資料表，如圖 4-37 所示。

我們已從模式中定義了外來鍵關係，因此分類帳目表裡的行會被標識為與專輯表中的行關聯。透過定義關聯性，底層資料庫引擎就能確保資料的一致性；也就是說，如果分類帳目表引用了專輯表單中的某行，我們就知道其確實存在。如此一來我們始終都能獲取有關已銷售專輯的資訊。這些外來鍵關係甚至還允許資料庫引擎執行性能優化，盡可能聯結快速。

我們期望能將目錄和財務程式碼分割為各自的相應服務，這意味著資料必須到來。專輯和分類帳目表最終處於不同的模式中，那外來鍵關係又會如何呢？我們可能要先考慮兩個關鍵問題：首先，如果新的財務服務不再透過資料庫聯結，那之後生成報告時要如何檢索與目錄相關的資訊？另一個問題是，對於現實世界中資料不一致性的存在事實，該怎麼面對？

移動聯結

我們先來看替換聯結。在單體式系統中，為了將專輯表中的行與分類帳目表中的銷售資訊關聯起來，就需要資料庫來執行聯結。我們執行 SELECT 查詢指令，在其中加入專輯列表；這就需要呼叫資料庫執行並將所需的資料撈出來。

在新的微服務世界中，新財務服務的職責是產生暢銷書排行報告，但本地卻沒有專輯資料因此需要從新目錄服務中取得，如圖 4-38 所示。產生報告時，財務服務首先從分類帳目表中查詢，將上個月最暢銷的 SKU 列表匯出來；這時所得到的資訊僅有 SKU 列表以及每個 SKU 的銷售量，也是本地唯一擁有的資訊。

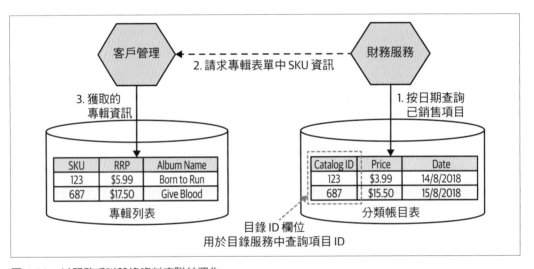

圖 4-38　以服務呼叫替換資料庫聯結運作

接下來我們需要呼叫目錄服務請求每個 SKU 的資訊；換句話說，請求目錄服務在本機端的資料庫內部自行執行 SELECT 查詢指令。

從邏輯上來說，聯結操作仍在進行但現在是在財務服務內部而不是資料庫中進行；不幸的是這樣的效率不佳。我們已經從只有一個 SELECT 語法的情形，進步到對整個分類帳目表進行 SELECT 查詢，接下來是對目錄服務的呼叫啟動了對專輯列表的 SELECT 查詢，如圖 4-38 所示。

若整個操作下來沒有增加延遲，那著實令人驚訝。在這特殊的情況下這並不是個大問題，因為這個報告是每月生成的，所以可被積極地快速存取；但如果經常運行此操作，那就可能會帶來更多問題了。透過允許在目錄服務中批量查詢 SKU，或在本機端快取所需的專輯資訊，可減輕延遲增加的可能性。

延遲的增加是否成為問題，追根究底只有您自己能決定，您需要了解關聯操作可接受的延遲並衡量當前的延遲。如 Jaeger（*https://www.jaegertracing.io*）這類的分散式系統提供了跨多重服務準確操作時間的能力，確實帶來不少的幫助。操作速度若夠快速，則使其速度變慢是可接受的，尤其是在權衡取捨時還能獲得其他好處。

資料一致性

有個更棘手的問題是，由於目錄和財務服務分別是獨立的，因此有可能會出現資料不一致的問題。在使用單一模式的情形下，若分類帳目表中的某行被引用了，那麼將無法刪除該表中的那一行。我的模式也在加強資料一致性。若在我們的新環境中不存在這樣的加強，還有其他選擇嗎？

刪除之前檢查

第一項選擇是確保在刪除專輯列表中的紀錄時，與財務服務核對看是否該紀錄未被引用。但問題是很難保證此操作能正確執行，假設我們想要刪除 SKU 683，呼叫財務服務詢問：「您有使用 683 嗎？」它若回答未使用此紀錄，則可刪除該紀錄；但刪除的過程中，會從財務系統中建立對 683 新的引用。為了阻止這類情形，就需要停止在 683 紀錄上建立新引用，直到刪除為止（而這可能需要一些開關的鎖，以及分散式系統中所隱含的挑戰）。

檢查紀錄是否被使用還有另一個問題，就是從目錄服務中建立了與事實反向的依賴關係。現在我們需要檢查使用紀錄的其他服務，如果僅有一項服務使用我們的資訊已經夠糟了；可想而知隨著擁有的消費者變多，情況有可能會變得更糟。

我強烈建議不要考慮此選項，因為難以確保執行操作的正確性，以及帶來的高度服務耦合。

優雅地刪除

更好的方法是讓財務服務處理以下事情：目錄服務也許不會以優美的方式在專輯中包含資訊。如果無法查找特定的 SKU，則可以簡單地顯示為：「無法得到專輯資訊」。

在這種狀況下，目錄服務可以告知何時請求過去存在的 SKU。例如，如果使用 HTTP，最好使用 **410 GONE** 回應碼。410 回應碼不同於常用的 404；404 表示找不到請求的資源，而 410 表示請求的資源現已無法取得了。此區別可能至關重要，特別是當你在追蹤資料不一致的問題時！即使不使用 HTTP 也要考量到支援這種回應碼是否能得到益處。

如果想要更進階一點，也許可以在刪除目錄項目時透過訂閱事件來通知財務服務。當接收目錄刪除之事件時，將現已刪除的專輯資訊複製到本機端資料庫中。在這特殊情況下可能造成過度的殺傷力；但在其他情況下可能會有用，特別是想要實現分散式狀態機來執行如跨服務邊界的連續性刪除。

不允許刪除

確保我們不在系統中引入過多不一致的方法之一，是不允許刪除目錄服務中的紀錄。若在系統中刪除某件商品是使某件商品無法出售的話，那可以實行軟體刪除功能，像是利用狀態列將該行標記為不可用，或者是將該行移到專用的「墓地」表單中[5]。即便如此，財務服務仍可以請求該專輯的紀錄。

那我們該如何處理刪除？

基本上現已建立了在單體式系統中不存在的故障模式，在尋找解決方案時，我們必須考慮用戶的需求，因為不同的解決方案可能對客戶有不同的影響，因此需要了解環境條件以選擇正確的解決方式。

在這特別情況下，我個人會透過兩種方式來解決此問題：不允許刪除目錄中的專輯資訊，以及確保財務服務可以處理丟失的紀錄。可能會有人爭辯說，如果無法從目錄服務中刪除紀錄，那麼從財務服務進行的查詢就永遠不會失敗。然而由於損壞的關係，目錄服務可能會恢復到較早的狀態，這意味著尋找中的紀錄可能不復存在。那在這種情況下，我更不希望財務服務陷入癱瘓的危險，雖然這種情況不太容易出現，但我一直在尋求建立彈性，並思考如果呼叫失敗會發生什麼情況；在財務服務中妥善處理此問題似乎很容易。

5　在關聯資料庫中維護歷史資料可能會變得複雜，尤其是在需要以程式碼編碼方式重構版本時。如果對這方面有很高的要求，那麼探索事件來源作為維持狀態的另一種方法是值得嘗試的。

應用在何處

當開始思考有效打破外來鍵關係時,需要確保的第一件事就是沒有把真正希望成為一體的兩件事分開。如果擔心要分解匯總,請先停下重新考慮。我們似乎可以很明顯地看到此處的分類帳目和專輯列表之間有兩個相互獨立的匯總。但另一種情況——訂單資料表中的許多關聯行包含了已訂購商品的詳細資訊——如果我們將訂單行拆分為單獨的服務,則會遇到資料完整性的問題。訂單表中的行,實際上為訂單本身的一部分,因此應當將它們視為一個單位整體;如果要將它們移出,則應一同移動。

有時,透過從單體式模式中抽出更大的力量,也許可以移動外來鍵關係的兩者,從而使生活變得更加輕鬆!

範例:共享靜態資料

靜態參考資料(不經常變更但很關鍵)會帶來一些有趣的挑戰,而我也已看到多種管理方法。通常它有自己的方式進入資料庫。我見過儲存在資料庫中的國家代碼(如圖 4-39)可能和我為 Java 項目編寫的 String Utils 類別一樣多。

我一直對於為何在資料庫中需要少量不常更改的資料(諸如國家 / 地區代碼)感到困惑,但是無論出於何種原因,這類儲存在資料庫中的共享靜態資料範例頗多。我們程式碼的許多部份都需要相同的靜態資料作其參考數據,那在音樂商店中我們能做什麼?好吧,事實顯現我們有很多選擇。

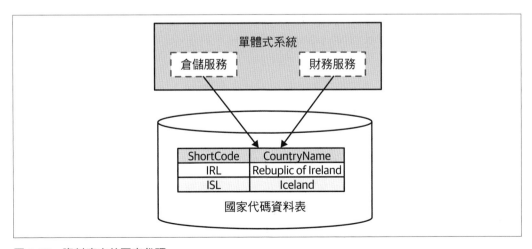

圖 4-39　資料庫中的國家代碼

模式：複製靜態參考資料

為何不讓每個服務如圖 4-40 所示那樣，都有自己的資料複本呢？這可能會使你們許多人倒抽一口氣——資料複本？你瘋了嗎？請聽我說，這沒有你們想像中的崩潰。

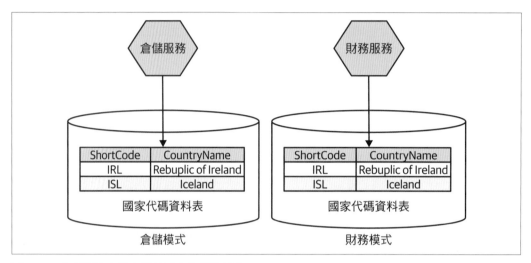

圖 4-40　每個服務有其自己的國家代碼資料表

資料複本要注意的通常可歸納為兩點。首先，每次需要更改資料時都必須在多個位置上進行更改。但多久會變更一次？上一次建立並得到官方認證的國家是 2011 年的南蘇丹（簡稱為 SSD），因此我認為這不是什麼大問題，對吧？較令人擔心的是如果資料不一致會發生什麼事？例如財務服務知道南蘇丹是個國家，但莫名其妙的是倉儲服務停留在過去，對此事一無所知。

資料不一致性終究是否為問題取決於資料的用途。在我們的案例中，倉儲服務使用國家／地區代碼來記錄 CD 製造地。但事實證明，我們沒有任何於南蘇丹製造的 CD 庫存，因此缺少此數據並不是個問題；另一方面，財務服務需要國家代碼資訊來記錄銷售資訊，但我們有南蘇丹的客戶，因此應該需要更新此項目。

當僅在每個服務內本地使用資料時，不一致性不是問題。回想一下我們對邊界上下文的定義是：資訊隱藏在邊界之內。另一方面，如果資料是服務通訊之間的一部分，那關注的點會不同。若倉儲和財務服務都需要有相同的國家資訊觀點，那這種重複性肯定會讓我擔心。

當然，我們也可以考慮使用某些後台流程來保持複本的同步。在這種情形下，可能無法保證所有複本皆是一致的；但假設後台流程運行得夠頻繁（且快速），能減少資料潛在的不一致性就已經很好了。

開發人員看到重複現象時，經常覺得反感，會擔心管理這些複本衍生出額外的成本，還要擔心這些資料是否很發散。但有時候複本是兩者弊端中較小者，接受資料複本是避免導致耦合的明智之舉。

應用在何處 此模式很少使用，您可能會偏好稍後介紹的選項。當不是所有的服務都必須看到完全相同的資料集時，它有時對大量的資料很有用。英國的郵遞區號之類的檔案也許較為合適，你會定期得到郵遞區號到其對應地址的更新。這個資料集相當龐大，以程式碼管控可能會很崩潰。如果你想要直接加入此資料，那就可能會選擇此選項，但老實說我不記得自己有做過這件事！

模式：專用參考資料模式

如果只想要單一的國家代碼真實來源，則可將資料重新定位到專用模式，也許是一個為所有靜態參考資料預留的模式，如圖 4-41 所示。

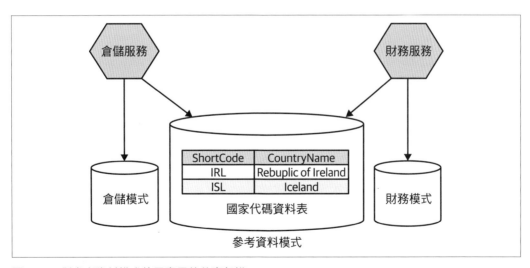

圖 4-41　對參考資料模式使用專用的共享架構

我們必須考量共享資料庫的所有挑戰，某種程度上來說，關於耦合與變更的擔心和資料的性質是相互抵消的，它不常更動且結構簡單，因此可以更輕鬆地將參考資料模式視為已定義的介面。在這種情況下，會將參考資料模式作為其版本進行管理，並確信人們理解到該模式架構代表的消費者服務介面；否則對一個模式進行重大變更可能會很崩潰。

模式內含資料確實為服務打開了機會，使其能使用此資料當作聯結查詢本地資料的一部份，但是要做到這一點需要確保模式位於同樣的底層資料庫引擎上。除了潛在的單點故障問題須注意之外，還增加了邏輯到物理世界之間對應方式的複雜程度。

應用在何處　這個選項有很多優點。我們避免了重複性的擔憂，由於資料格式不太可能變化，所以耦合的問題也得到緩解。對於大量資料、或者是需要跨模式聯結而言，這會是有效的方法。請記住模式格式只要有任何更動，都可能會對多個服務產生重大影響。

模式：靜態參考資料函式庫

剛開始研究時，我們的國家代碼資料庫中沒有多少登錄資料，假設使用的是 ISO 標準列表，僅查看 249 個國家地區[6]，這也許是很適合代碼的靜態枚舉類型。事實上，以代碼型式儲存少量靜態參考資料是我已經做過很多次的事情，也是在微服務體系結構中曾做過的事。

當然，如果可以，我們寧願不要複製資料，因此我們考慮將資料放入可由任何需要此資料的服務靜態聯結函式庫中。美國時尚零售商 Stitch Fix 經常使用此類共享函式庫來儲存靜態參考資料。

Stitch Fix 的工程副總裁 Randy Shoup 表示，此技術的最佳對象為資料量較小、且很少或根本沒有變化的資料類型（如果確實發生變化的話，會跳出許多關於變更的警告），比方一般典型衣服的尺寸大小分為 XS、S、M、L、XL，或褲子的腿長測量。

在本例中，將國家代碼定義為國家枚舉類型，並把它綁到函式庫中供服務使用，如圖 4-42 所示。

6　這是所有 ISO 粉絲中的 ISO 3166-1！

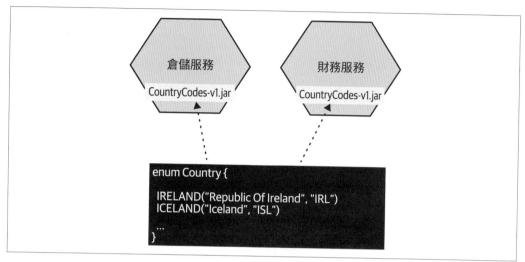

圖 4-42　將參考資料儲存在可供服務間共享的函式庫中

這雖是一個良好的解決方案,但還是有缺點。實驗證明如果混合使用技術堆疊,則可能無法共享單個函式庫。除此之外,還記得微服務的黃金法則嗎?我們需要確認微服務可以獨立部署,如果需要更新國家代碼函式庫,並讓所有服務能立即獲取新資料,則需要在新函式庫閒置時重新部署所有的服務。此為典型範例,也是我們在微服務架構中要避免的事情。

實際說來如果需要在任何地方都可以使用相同的資料,那麼對於變更需要有相當的通知功能會有所幫助。Randy 給出的例子是需要向 Stitch Fix 的資料集中添加一種新顏色。這項變更需要推廣到所有使用此資料類型的服務,但他們需要長時間來確保所有團隊採用的是最新版本。以國家代碼為例,如果需要添加新的國家或地區,那我們可能需要發出很多提前通知。例如,公民投票的六個月之後,南蘇丹於 2011 年 7 月成為獨立國家,這為我們爭取了相當多的時間來推出更新。一時興起的新國家很罕見!

 如果您的微服務使用共享函式庫,請記得要接受在生產環境中部署了不同版本函式庫的可能!

這表示若要更新國家代碼函式庫,需要認清「並非所有微服務都可以保證具有相同版本的函式庫」這個事實,如圖 4-43 所示。若這個依然無法幫助到您,那下一個選項可能會有所幫助。

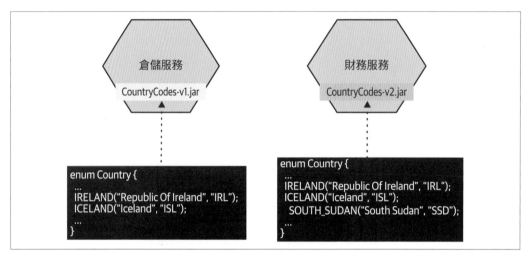

圖 4-43　共享參考資料庫之間的差異可能會導致問題

此模式的簡易變體是，有問題的資料會保存於設定檔，也許是標準屬性的檔案，或是如果需要的話，可能是更有結構的 JSON 格式。

應用在何處　您可以在少量的資料中輕易地查看各種服務、以及這些資料中的不同版本，這是一個很好但經常被忽略的選擇，對於何種服務具有哪個版本的資料之可見度特別有用。

模式：靜態參考資料服務

我懷疑您能否看到最終的結局。這是一本關於建立微服務的書，為何不考慮國家代碼來建立專用的國家代碼服務，如圖 4-44 呢？

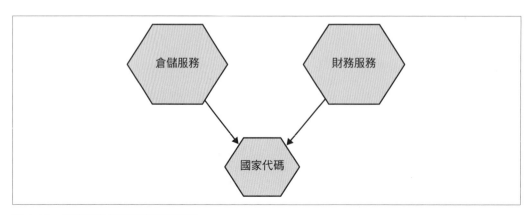

圖 4-44　服務國家代碼的專用型服務

我曾與世界各地的團體討論過此確切方案，但它往往會造成整間會議室的分裂。有些人立刻想到：「那可能行得通！」，但是小組裡大部分的人會搖頭說：「那聽起來很瘋狂！」。經過深入研究後，我們會非常在意他們的擔憂；這是一項何等艱鉅工作，不會帶來太大的益處卻還可能有潛在的複雜性，因此「矯枉過正」一詞經常出現！

因此讓我們進一步探討這點。當我與人聊天並試著理解為何有些人認為此想法很好，而有些人卻不這麼認為時，可以歸納為以下兩點。在較低程度的建立和管理微服務環境中工作的人可能會傾向這個選擇；另一方面，如果建立一個新服務（即使很簡單）需要幾天甚至幾週的工作天，那麼人們大概可以理解推遲建立服務的原因。

前同事兼 O'Reilly 的作家 Kief Morris[7] 向我介紹他於英國一間大型國際銀行參與過的某專案之經歷，費時了將近一年的時間才被審核發行第一版軟體。在任何事情要上線之前，必須先諮詢銀行內至少十個以上的團隊，從簽核設計準備部署的所有工作。但不幸的是，這種經驗在大型公司來說不算罕見。

在組織中，部署新軟體需要大量的手動工作、審核、甚至是採購和配置新硬體，因此建立服務的內在成本相當可觀。因此這樣的環境建立服務需要高度選擇性，必須提供價值證明額外工作的合理性；但這可能使類似國家代碼的建立顯得不合理。另一方面，如果啟動服務模板並於一天或更短的時間內推行至生產環境中，完成所有工作，那麼更會被視為可行的選擇。

更好的情況是，國家代碼服務非常適合類似 Azure Cloud Function 或 AWS Lambda 這類的功能暨服務平台。功能運作的較低成本很吸引人，滿適合諸如國家代碼的簡易服務。

另外還提到一個問題，藉由新增國家代碼服務可能會影響網路依賴關係的延遲性。我認為此方法較專用資料庫有效及快速。為什麼呢？正如已建立完成的，資料集中只有 249 個登錄項目，國家代碼服務能簡易將其保存於記憶體中並直接提供服務，它僅需儲存紀錄於代碼中，而無需複製資料儲存區。

當然這些資料也可被客戶端積極地存為快取，畢竟我們不會經常新增登錄項目於該資料！還可以考慮利用事件讓客戶知道資料何時被更改，如圖 4-45 所示。當資料更動時，可透過事件通知有興趣的客戶以及更新其本機端的快取。在更改頻率低的前提下，我認為利用傳統的 TTL 客戶端快取即已足夠，但多年前我曾為一個通用的參考資料服務使用過類似的方法，效果很好。

7　Kief 所著的《*Code: Managing Servers in the Cloud*》（Sebastopol: O'Reilly, 2016），繁體中文版《基礎架構即程式碼｜管理雲端伺服器》由碁峰資訊出版。

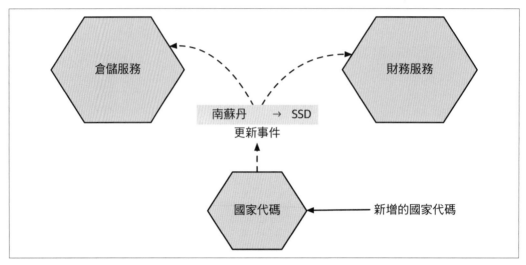

圖 4-45　觸發更新事件以允許使用者更新本地快取

應用在何處　如果要在程式碼中管理資料本身的生命週期，可以使用此選項。例如想利用一個 API 來更新資料，那就需要保留該段程式碼於某個地方，並放在專用的微服務中才有意義。到那時我們有了一個微服務包含狀態機，如果想在資料發生變更時發出事件，或者單純提供更方便的窗口供測試用也很有意義。

最主要的問題似乎總圍繞在創建微服務的成本，是否足以證明工作的合理性，還是有其他更好的選擇方法？

我該怎麼辦？

好的，給了那麼多選擇，那我該怎麼辦呢？總不能永遠坐在柵欄上，放手去做吧！如果不需要確保所有服務的國家代碼一致，那麼可能會將這些資訊保存在共享函式庫中。對於此類資料似乎比在本地服務模式中複製更有意義；資料本質上是小量（國家代碼、衣服尺寸等等）的；對於較為複雜或大量的參考資料來說，可能是在告訴我要放入每個服務的本地資料庫中。

如果服務之間的資料須保持一致性，則應該創建一個專用服務（或者將資料當作更大範圍的靜態參考服務的一部份）。只有在難以證明建立新服務是合理的事情時，才會針對此類型資料採用專用模式。

在前面的例子中所介紹的重構資料庫可幫助分離模式，要對該主題進行更詳細討論可能需要參閱 Scott J. Ambler 和 Pramod J. Sadalage 的《*Refactoring Databases*》（Addison-Wesley）。

交易

拆分資料庫時已談論過可能導致的問題：維護參考完整性會成為問題，延遲會增加，並且使回報變得更複雜；對上述這些都研究過應對方式，但還有一個很大的挑戰：那交易呢？

在交易中對資料庫進行更改可以使系統易於推理，也易於開發和維護。藉著資料庫來確保資料的安全性和一致性，使人們不必擔心其餘事情；但是當跨資料庫拆分資料時，將可能失去使用資料庫交易來套用變更的好處。

在探討如何解決此問題之前，讓我們簡要看一下普通資料庫交易為人們帶來了什麼。

ACID 交易

通常當我們談論到資料庫事件時，指的是 ACID 交易。ACID 首字母縮寫，描述資料庫交易的關鍵屬性，而這些屬性引導我們用來確保資料存儲的持久性和一致性的系統。*ACID* 代表原子性、一致性、隔離性和持久性，以下是這些屬性所帶來的好處：

原子性

　　確保交易中所有操作不是全部成功就是全部失敗。如果由於某些原因而造成更改失敗，則操作將終止，就像從未變更一樣。

一致性

　　資料庫變更時須確保其有效並一致的狀態。

隔離性

　　指允許多個交易在不干擾的情況下同時運作。這是透過確保在一個交易中做出的任何臨時狀態變更對於其他交易來說是不可見的。

持久性

　　確保交易一旦完成，有足夠信心在某些系統故障的情況下不會遺失資料。

值得注意的是，並非所有資料庫都提供 ACID 交易。我曾經使用過的關聯資料庫皆可使用，如同較新 NoSQL 資料庫的 Neo4j 一樣。多年來，MongoDB 僅支援圍繞單一文件的 ACID 交易，如果想要對一個以上的文件進行原子更新，可能會引起問題[8]。

此乃非一本詳細、深入探討這些概念的書。對於那些想要進一步探索的人，建議您可參閱《*Designing Data-Intensive Applications*》[9]。接下來我們主要關注原子性，但不代表其他屬性不重要，而是原子性往往是劃分交易邊界時遇到的第一個問題。

缺乏原子性但仍是 ACID ？

明確來說將資料庫分開仍然可以使用 ACID 樣式的交易，但其範圍及實用性都下降了。請思考圖 4-46，我們一直在追蹤將新客戶加入系統的過程。我們已完成流程的最後階段，其中包含將客戶的狀態從「待處理」變更為「已驗證」。完成註冊後，想從待註冊表單中刪除匹配行。對於單個資料庫而言，這能在單 ACID 資料庫交易的範圍內完成，要麼寫入新行，要麼不寫。

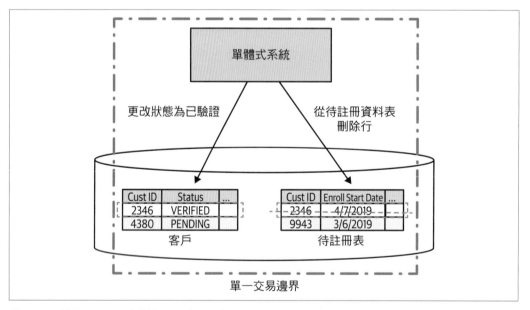

圖 4-46　於單一 ACID 交易範圍內的兩個表單

8　由於支援多文件的 ACID 交易發生變化，現已作為 Mongo 4.0 的部分發行。我尚未使用過 Mongo 的功能，只知道它的存在！

9　請參閱 Martin Kleppmann 所著的《*Designing Data-Intensive Applications*》（Sebastopol, O'Reilly Media Inc., 2017），繁體中文版《資料密集型應用系統設計》由碁峰資訊出版。

與圖 4-47 進行比較，變更皆相同，但每個變更都在不同的資料庫中進行。這代表要考慮兩個交易，且每個交易可能是獨立運作或失敗。

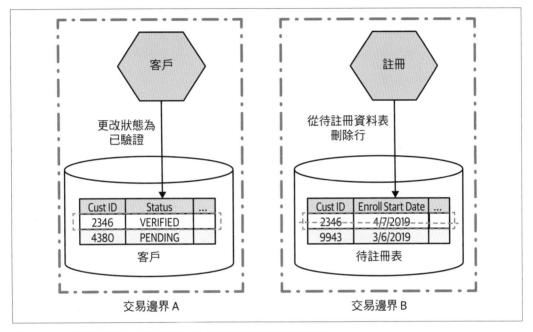

圖 4-47　在兩個不同交易的範圍內完成對銷貨單和訂單的變更

當然我們可以決定兩個交易的排序，只在變更客戶表單中行位時，才從待註冊表單中刪除一行；若是刪除失敗需自己推敲邏輯出來。不過，以重新排序步驟來處理案例也許是非常有用的想法（在探討 sagas 時會再提到這點）。但從本質上來說，透過分解此操作成兩個獨立的資料庫交易，我們必須接受失去整個運作的保證原子性的事實。

缺乏原子性可能會引發更嚴重的問題，特別是在遷移以往依賴此屬性的系統事上尤其如此。因此人們開始尋找其他解決方案，使之有能力推理一次對多個服務進行變更，通常會先考慮的第一個選項是分散式交易。一起來看看實現分散式交易的常見演算法之一──兩階段提交，這是探索與分散式交易相關的挑戰的一種方式。

兩階段提交

兩階段提交演算法（有時簡稱為 *2PC*）經常用於分散式系統中的交易變更，其中多個作為整體操作之一部分的單獨流程需要更新。我希望讓您預先知道 2PC 的侷限性，我們將一一介紹，它們值得了解。團隊遷移到微服務架構時經常會提出分散式交易以及更具體的兩階段提交來解決所面臨的挑戰，但正如我們將看到的，它們可能無法解決問題還可能造成更多混亂。

此演算法分為兩個階段（因此稱為**兩階段提交**）：投票階段和提交階段。在投票階段，中央協調員聯繫所有參與交易者，要求確認是否可以更改狀態。在圖 4-48 中，我們看到兩個請求：一個請求將客戶狀態變更為「已驗證」，另一個請求從待註冊表單中刪除一行。如果所有工作人員都同意進行要求的狀態變更，則會進入下一個階段的演算法；但只要有任何一方不同意，那麼可能是因為該請求違反了某些條件導致操作終止。

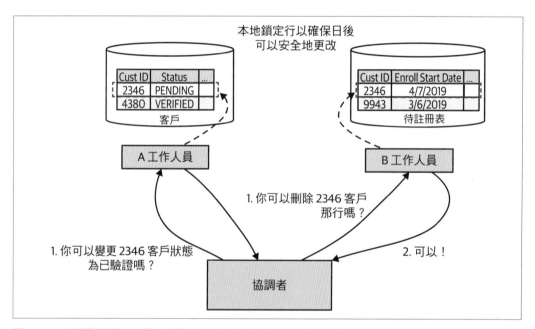

圖 4-48　在兩階段提交的第一個階段，由工作人員投票決定是否執行某狀態更改

須強調的一點是，在工作人員同意變更後，並不會立即生效，而是會讓它在將來的某個時間點變更。那要如何保證？例如在圖 4-48 中，A 工作人員表示能夠變更客戶列表中某行的狀態，將其更新為「已驗證」。如果稍後某個時間點執行不同的操作會刪除該行；或者另作較小的更改卻仍然無效，怎麼辦？因此為了確保可以進行此項變更，A 工作人員可能必須鎖定該紀錄，不讓更改發生。

但如果有人沒有在提交階段投票，那需要向所有人發出退回消息，以確保他們可以在本地清理，以允許工作人員釋放持有鎖。如果所有工作人員都同意進行更改，則可進入提交階段，如圖 4-49 所示。在此例中實際上進行了變更且釋放關聯鎖。

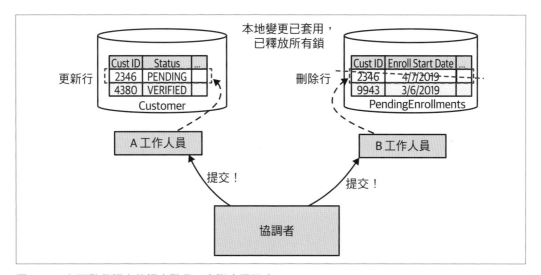

圖 4-49　在兩階段提交的提交階段，實際應用更改

要注意的點是，在這樣的系統中，我們無法保證這些提交會在同一時間發生。協調者就需要將提交請求發送給所有參與者，發送的消息能在不同的時間進行處理；這就代表，如果允許在交易協調者之外查看工作人員的狀態，則有可能會看到 A 工作人員所做的更改，但尚未看到工作人員 B 做的更改。協調者之間的等待時間越長，工作人員處理回應的速度越慢，不一致的範圍也越大。回到我們對 ACID 的定義，隔離確保了在交易過程中不會看到中間轉移的狀態；但是透過兩階段提交，已經失去這點了。

兩階段提交的中心工作通常只是協調分散鎖。工作人員需要鎖定本地資源以確保能在第二階段進行提交，在單進程系統中管理鎖並避免死結其實並不有趣。現在想像一下在多個參與者之間協調鎖的挑戰，你會發現它並不漂亮。

與兩階段提交相關的失敗模式有很多，我們沒有時間一一探索。想想工作人員投票表決繼續進行交易的問題，但在被要求提交時卻沒有回應，我們該怎麼辦？有些故障模式能自動處理，但有些系統一直處於故障狀態，以致於需要手動解決。

參與者越多，系統延遲就越大，兩階段提交的問題就越多。它們是一種向系統注入大量延遲的快速方法，尤其是在鎖定範圍較大或交易持續時間較久的情況下。因此兩階段提交通常僅用於非常短暫的操作，隨著操作時間越長，鎖定資源的時間也越長！

只要對分散式交易說不

有鑑於目前為止所概述的原因，我強烈建議您避免使用分散式交易（例如兩階段提交）來協調整個微服務的狀態變化。那除此之外還能做什麼？

第一個選擇是，一開始不要將資料分開。如果要以一種真正的原子性和一致的方式來管理某些狀態，而且無法在沒有 ACID 交易下合理獲得這些特徵的情況時，那麼請將該狀態保留在資料庫中、其功能保留在單個服務（或單體式系統）中管理該狀態。如果你正在研究從哪裡分割單體式系統、確定哪些分解是容易的（或很難），很可能會發現將目前交易中的管理資料分開太困難以致於無法現在處理。我們先處理系統其他領域的工作，之後再回來討論這個問題。

但如果確實需要將資料分解，卻又不希望遭遇管理分散式交易的麻煩，那會發生什麼？我們要如何在多種服務中進行操作卻又避免鎖定？如果運作要花上幾分鐘、幾天甚至幾個月的時間，要怎麼辦？在這種情形下，我們可以考慮使用另一種方法：sagas。

Sagas 交易模式

與兩階段提交不同的是，*saga* 是一種演算法設計，用以協調狀態的多種變化，但避免了長時間鎖定資源的需求。為此，將涉及的步驟模組化為能獨立執行的離散活動。其附加好處是迫使人將業務流程明確地建模起來，進而帶來許多好處。

由 Hector Garcia-Molina 和 Kenneth Salem[10] 首次陳述的核心思想，反映出如何最好地處理這個他們稱為**長期交易**（LLTs）所面臨的挑戰。這些交易可能需要很長時間（幾分鐘、幾小時甚至幾天），並且作為該過程的一部分，需要對資料庫進行更改。

10　參見 Hector Garcia-Molina 和 Kenneth Salem 的「Sagas」，*ACM Sigmod Recor* 16, no. 3 (1987): 249-259。

如果直接將 LLT 對映到普通資料庫交易，則單個資料庫交易將跨越 LLT 的整個生命週期。LLT 發生時可能會導致長時間鎖定多行甚至整個資料表，如果這時有其他程序試圖讀取或修改鎖定的資料，則會導致嚴重的問題發生。

相反地，該論文的作者建議我們應該將 LLT 分解為一系列的交易，且每個交易都能獨立處理。這樣的想法是，每個子交易的持續時間將更短，並且只會修改受到 LLT 影響的資料。結果隨著鎖的範圍和持續時間大幅減少，底層資料庫的爭用也會跟著減少。

儘管最初將 saga 設想為幫助 LLT 對單個資料庫發揮作用的機制，但該模型也可以很好地協調多個服務之間的變更。我們可將單個業務流程分解為一組呼叫，將其作為 saga 的一部份來協調服務並進行呼叫。

> 在繼續往下走之前，你必須要瞭解 saga 並不會為我們帶來常規資料庫交易慣用的 ACID 原子性。當把 LLT 分解成單獨的交易時，saga 本身沒有原子性。我們對 LLT 內部的每個子交易都有原子性，因為如果需要的話，每個子交易都可與 ACID 交易更改相關。saga 提供了足夠資訊來推斷它處於哪個狀態，然後由我們來處理。

讓我們來看一個簡單的訂單履行流程如圖 4-50，我們能在微服務架構的背景下使用它來進一步探索 saga。

這裡的訂單履行流程被表示為單一 saga，此流程的每個步驟代表可以由不同服務執行的操作。在每個服務中，任何狀態變更都可在本地 ACID 交易中處理。例如，使用倉儲服務檢查和預訂庫存時，內部的倉儲服務可能會在本地預訂表單中建立紀錄預訂行，在正常交易中處理。

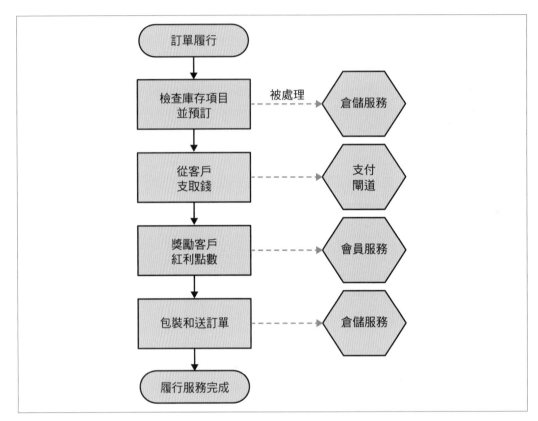

圖 4-50 訂單履行流程示例，以及負責執行操作的服務

Saga 失效模式

由於將 saga 分為獨立的交易，需要考慮如何處理故障——或更具體地說，是考慮發生故障時要如何恢復。原始的 saga 文章中有提到兩種恢復方式：向後恢復和向前恢復。

向後恢復包含還原故障然後清理（退回去）；為此需要定義補償活動以允許撤銷先前提交的交易。**向前恢復**可以讓我們從發生故障的地方進行恢復，並繼續處理；為此我們需要重試交易，這意味著系統要保留足夠的資訊以允許重試。

根據要建模的業務流程性質，你可能會認為任何故障模式都有可能觸發向後恢復、向前恢復、或者兩者混合。

Saga 退回

在 ACID 交易中，退回發生於提交之前；退回後就好似什麼都沒有發生，也就是說嘗試要做的更改什麼也沒發生。但是在 saga 中我們涉及多項交易，在決定退回操作之前，其中一些可能已經提交了。那麼，要如何在交易已經提交後退回呢？

我們現在回到圖 4-50 的處理訂單範例。試想潛在的故障模式：即已盡力嘗試包裝商品卻發現在倉庫中找不到該商品，如圖 4-51 所示，也就是系統認為該商品應該存在，但它不在貨架上！

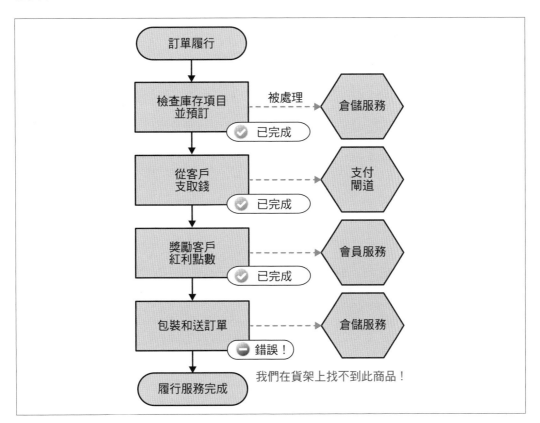

圖 4-51　我們嘗試包裝商品但卻在倉庫中找不到

現在，假設我們決定只退回訂單，而不是讓客戶選擇將該商品延期交貨，關鍵問題在於已付款的訂單會授予相對應的會員積分。

若所有步驟都在單個資料庫交易中完成,則簡單的退回將這些都清理掉。但是,訂單執行過程中的每個步驟都由不同的服務呼叫處理,每個服務呼叫都在不同的交易範圍內進行;整體操作沒有簡單「退回」可言。

相反地,如果要退回去,那就需要實行補償交易。**補償交易**是撤銷先前提交的交易之操作。為了退回訂單履行流程,我們將為已落實 saga 中的每個步驟觸發補償交易,如圖4-52 所示。

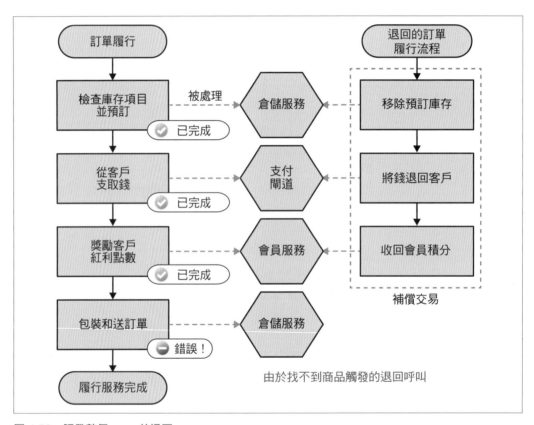

圖 4-52　觸發整個 saga 的退回

值得一提的是，這些補償交易與普通資料庫退回之行為並不完全相同。資料庫退回發生在提交之前，就像是從未發生過交易；但事實是交易當然**發生過**。我們正創建一個新交易，來還原原始交易做的更改，可是無法退回時間到好像從未交易過一樣。

由於無法總是能乾淨地還原交易，所以這些補償交易指的是**語意上退回**。我們不能總是清理一切，但我們也為 saga 做了足夠的努力。舉例來說，其中有步驟可能涉及發送電子郵件給客戶，告知他們訂單即將到來；倘若決定要退回電子郵件，則無法收回已發送的郵件 [11]！相反地，補償性交易可能會發送第二封電子郵件給客戶，通知他們的訂單有問題並且已被取消。

與退回 saga 有關的資訊在系統保留持久是完全合適的，甚至是非常重要的資訊。出於多種原因，你可能想在訂單服務中保留已中止的訂單紀錄，以及發生過什麼事的資訊。

重新排序步驟以減少退回

在圖 4-52 中，我們看見透過重新排序步驟將可能達到簡易退回。一個簡單的變化是僅在實際下訂單時才給予積分獎勵，如圖 4-53 所示。如此一來，假如在包裝和發送訂單時遇到問題，也不必擔心該階段會遭到退回。另外，有時還可透過調整過程的執行方式來簡化退回操作。藉由提前執行最有可能失敗的步驟並使其提早失敗，這樣能避免之後觸發補償交易，因為那些步驟根本尚未發生。

這些更改（如果容納得下）可以使您的生活更加輕鬆，甚至無須為某些步驟成立補償交易；若是很難執行補償交易，這點就更重要了，你可能可以在過程的後期將步驟移到一個不需要退回的階段。

---

11 真的不行，我試過了！

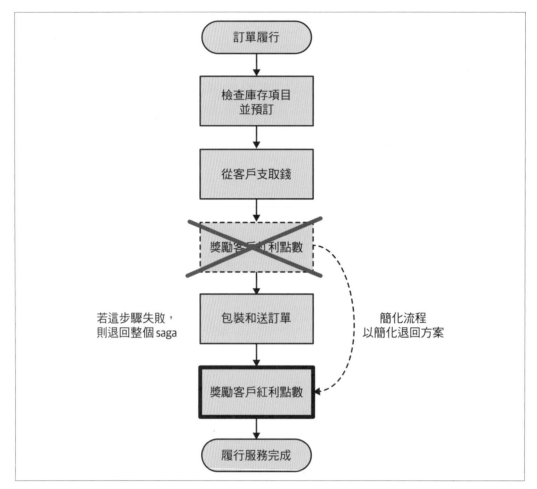

圖 4-53　在 saga 中晚點移動步驟可以減少發生故障時必須退回的內容

混合故障後退與故障前進情形

混合使用故障恢復模式再合適不過了。一些故障可能需要退回操作；另一些則可能是繼續故障。例如訂單處理，一旦我們從客戶那裡收錢並且已經打包好商品，剩下的唯一步驟就是發送包裹。但如果出於某種原因無法寄送包裹（也許是送貨公司的貨車上空間不夠），將整個訂單退回的作法似乎有點奇怪，相反地，我們只需重試發送，如果仍失敗，則需要人為方法來解決情況。

實施 Sagas

到目前為止，我們雖已經研究了 sagas 運作的邏輯模型，但仍需要更深入地研究實施方式，大致有兩種。*編配的 sagas* 更緊密地遵循原始解決方案，且主要依靠集中式協調和追蹤。可與*編排的 sagas* 進行比較，後者無需集中協調即可使用更鬆散的耦合模型，但是對 saga 的進度追蹤比較複雜。

編配的 sagas

編配的 sagas 使用中央協調者（從現在開始我們稱之為*編配者*）來定義執行順序及觸發必要的補償動作。您可以把編配的 sagas 想成命令和控制方法：中央協調者控制發生的事情和時間，由此瞭解任何特定 saga 的發生情況。

進行如圖 4-50 的訂單履行過程，讓我們看看中央協調過程如何以一系列協作服務來運作，如圖 4-54 所示。

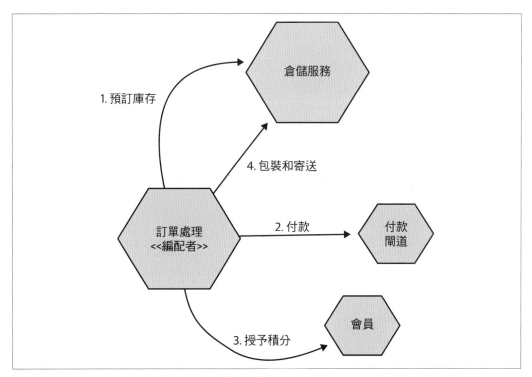

圖 4-54　編配的 saga 如何實施訂單履行流程之範例

在這範例中,中央訂單處理者扮演協調者的角色負責協調履行過程。它知道執行該操作需要哪些服務,並決定何時呼叫這些服務。如果呼叫失敗,則可以決定要怎麼做。這些編配的處理器傾向大量使用服務之間的請求 / 回應呼叫:訂單處理器將請求發送到服務(例如付款閘道),並期望得到該請求是否成功的回應以及提供結果。

於訂單處理器內部對業務流程進行模組化是非常有益處的,使我們能夠查看系統中的某些位置並瞭解該流程應如何工作。如此便能使新手入門更加容易,並有助於更好地理解系統的核心部分。

不過仍有一些缺點需要考慮。首先,本質上來講,這是一種耦合的方法。訂單處理器需要瞭解所有相關的服務,從而使我們在第 1 章中討論的領域耦合程度更高。雖然本質上並不是壞事,但仍希望能將領域耦合保持在最低限度。訂單處理器就需要瞭解和控制很多事情,以致於這種形式的耦合難以避免。

另一個微妙的問題是,本應被推入服務的邏輯開始被編配者吸收。如果開始發生這種情況,可能會發現服務變得乏善可陳,幾乎沒有自己的行為,只是從諸如訂單處理器之類的協調者那裡接受訂單。重要的是,你應該將編配流程的服務視為具有各自狀態和行為的實體,它們各自負責自己的本地狀態機。

 如果邏輯有一個可以集中的地方,它將變得集中!

避免編配的流程過於集中的方法之一為確保不同的服務扮演不同流程的協調者。你也許有處理訂單的訂單處理器、負責處理退貨和退款流程的退貨服務、處理新庫存抵達並放置貨架上的收穫服務等等。那些協調者可能會使用倉儲服務;這種模型可以讓你更輕鬆地將功能保留在倉儲服務本身中,允許你在流程中重啟功能。

BPM 工具?

業務流程建模(BPM)工具已使用多年,通常被設計為允許非開發人員使用可視化拖放工具來定義業務流程。這個想法是,開發人員將創建流程的構建模塊,然後非開發人員會將這些模塊組合成更大的流程。此類工具的使用效果似乎非常好,可以用作實施經協調的 saga 方式,而事實上流程編配幾乎是 BPM 工具的主要用途(或者相反,使用 BPM 工具會導致必須採用編配)。

根據我的經驗，我非常不喜歡 BPM 工具。主要原因是其中心思想──非開發人員將定義業務流程──從來都不是真實的。針對非開發人員的工具最終會被開發人員所使用，並且可能會有很多問題。他們通常需要使用 GUI 來更改流程，但建立的流程可能難以（或不可能）控制版本，流程本身可能在設計時就沒有考慮測試的問題…等等。

如果開發人員將要實施業務流程，請使用他們理解並適合其工作流程的工具，這通常意味著只允許他們使用程式碼來實現這些功能！如果需要了解業務流程的實現方式或運作方式，那麼從程式碼中投影可視化的工作流程，要比利用視覺化呈現方式來描述程式碼應如何運作容易得多。

開發人員正在努力建立對開發人員更友好的 BPM 工具，雖然他們對工具的反應似乎參差不齊，但對於某些工具來說，它們的效果很好，很高興看到大家嘗試在這些框架上改進。如有需要進一步探索工具，請查看 Camunda（*https://camunda.com/*）和 Zeebe（*https://zeebe.io*），兩者都是針對微服務開發人員的開源編配框架。

編排的 sagas

編排的 saga 旨在多個協作服務之間分配 saga 的運作責任。如果編配是命令和控制，那麼編排的 saga 代表一種信任但驗證的架構。正如圖 4-55 的例子中所見，編排的 saga 通常會大量使用事件來實現服務之間的協作。

這裡有很多事情值得詳細研究。首先，這些服務對收到的事件做出反應。概念上來說，事件在系統中如同廣播，感興趣的各方可以接受它們。不須將事件發送給服務；只要將它們解僱，對這些事件感興趣的服務就可以接受它們並採取相應的措施。在我們的範例中，當倉儲服務接收第一個下訂單的事件時，它知道自己的工作是保留適當的庫存並在完成後觸發事件。如果無法收到庫存，則倉儲服務需要引發一個適當的事件（也許是庫存不足之事件），而這可能導致訂單被迫中止。

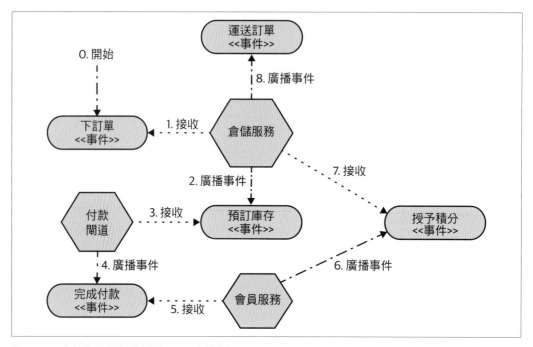

圖 4-55　實施訂單履行的編排 saga 之範例

通常會使用某種訊息仲介者來管理事件的可靠廣播和傳遞。多個服務可能會對同一個事件做出反應，也就是使用主題的地方。對某種類型的事件感興趣的用戶可以訂閱特定主題，不必擔心這些事件的來源；仲介者須確保該主題的持久性，將有關的事件成功傳遞給訂閱用戶。舉個例子，我們可能有推薦服務，其監聽下訂單之事件，使用此服務構建你可能喜歡的音樂種類之資料庫。

在前面的結構中，沒有一個服務知道其他服務，它們只需知道收到某個事件時該怎麼辦。本質上說這使耦合架構少了許多。由於此過程的實現已分解並分佈於四個服務中，因此也避免了對邏輯集中的擔憂（如果沒有一個可以集中邏輯的地方，那麼就不會集中邏輯了！）。

不利的一面是很難確定正在發生的事情。透過編配，我們的流程已順利在編配者中建模起來。現借助此種架構，要如何建立一個流程該是什麼樣子的思維模型？您必須單獨查看每個服務的行為，並重新構建圖片，即使像是簡單的業務流程也要遠離。

缺乏對業務流程的明確呈現已經很糟糕了，我們還缺乏一種瞭解 saga 狀態的方式，這可能使我們無法在必要時採取補償措施。我們可以將某些責任推給各個服務以執行補償措施，但從根本上來說，需要一種方法來瞭解某些恢復情況下的 saga 狀態。缺乏一個圍繞 saga 狀態進行審問的中心場所是一大問題，我們可以透過編配方式來實現這一點，但在這裡要如何解決呢？

最簡單的方法之一為消耗正在發射的事件，從現有系統中投射有關 saga 狀態的視圖。如果為 saga 產生唯一的 ID，則可以將其放入所有發射的事件中，作為 saga 的一部份，這就是所謂的**關聯性 ID**。然後我們可以有個服務來清理所有事件並呈現每個訂單其狀態的視圖，如果其他服務做不到的話，可以編寫程式來執行解決此問題，將其作為履行過程中的一部份。

混合風格

儘管編配及編排的 sagas 在實現方式上看似截然不同，但你仍可考慮混合和匹配模型。系統中可能有些業務流程更自然地合適某種模型，也可能會有一種混合樣式的 saga。在訂單履行的例子中，假如在倉儲服務的邊界內，當管理包裝包裹和送貨時，即使原先請求是以較大編排 saga 的一部份提出的，我們仍可使用編配的流程 [12]。

如果決定使用混合式，那麼你仍然必須有清晰的方法來理解作為 saga 一部份要發生的事情，這點極為重要。沒有這點，對故障模式的理解就會變得複雜，要從故障中恢復會很困難。

我應該使用編排或編配？

實施編排過的 saga 可能會為你和你的團隊帶來不熟悉的想法。他們通常使用大量事件驅動的協作，但尚未得到廣泛理解。不過從我的經驗來看，追蹤 saga 的進度所帶來的額外複雜性幾乎被鬆散耦合的結構所帶來的好處所抵銷。

但是撇開我個人的喜好，我對編配及編排的一般建議是，當團隊擁有整個 saga 的實現時，我會非常放鬆地使用編配的 saga，因為在這種情形下，固有耦合的架構在團隊邊界內較容易管理。如果有多個團隊參與，我會傾向分解更複雜的編排 saga，因為更容易將實施 saga 的責任分配給團隊，而鬆散耦合的體系結構可使這些團隊更孤立地工作。

---

12 這超出了本書的範圍，但是 Hector Garcia-Molina 和 Kenneth Salem 繼續探索多重的 sagas 要如何「嵌套」在一起來實施更複雜的程序。欲瞭解有關此主題的更多資訊，請參見 Hector Garcia-Molina 等人所寫 的「Modeling Long-Running Activities as Nested Sagas」，*Data Engineering* 14, No. 1 (March 1991: 14-18)。

Saga 與分散式交易

我希望已經分解完成了，分散式交易雖然伴隨著一些重大挑戰，但除了某些特殊情況之外，我傾向盡量避免。分散式系統的先驅 Pat Helland 提煉了針對如今構建的各種應用程序實施分散式交易的基本挑戰 [13]：

> 在大多數分散式交易系統中，單個故障點會導致交易提交停止；反過來講，這
> 會使應用程序陷入困境。在這樣的系統中，困境越大系統崩潰的可能性越高。
> 飛機飛行時需要所有引擎運轉，但增加引擎會降低飛機的可用性。
>
> ─Pat Helland，《*Life Beyond Distributed Transactions*》

以我的經驗來說，將業務流程清楚地建模成為 saga 以避免分散式交易造成的許多挑戰，同時還有額外的好處，就是對開發人員而言建模過程變得更加清晰。讓系統的核心業務流程成為一級的概念將帶來許多好處。

關於實現編配和編排更詳細的討論、以及各項細節不在本書的討論範圍內，在《建構微服務》一書中的第 4 章對此有介紹，不過我也推薦《*Enterprise Integration Patterns*》，可深入瞭解該主題的許多方面 [14]。

結論

透過找出服務邊界之間的接縫來分解系統，可看成為一種漸進方法。發現這些接縫後能降低分割服務的成本，還能繼續發展系統以滿足未來的需求。如您所見，其中一些工作可能很艱苦，且還有可能會導致需要解決的重大問題，但是可以逐步完成的事實代表不需為其擔心。

在分割服務時，我們還引入了一些新問題。下一章將介紹分解單體式系統時出現的各項挑戰，但請放心，我也會提供許多想法供您參考，幫助你解決這些問題。

---

13 參閱 Pat Helland 的「Life Beyond Distributed Transactions」，*acmqueue* 14, no. 5。

14 這兩本書中都沒有明確地提到 saga，但是編配和編排都有涵蓋在內。雖然我無法與《*Enterprise Integration Patterns*》的作者談談，但當我在撰寫《建構微服務》時，我個人並沒有意識到 saga。

第五章

成長過程中的痛苦

當採用微服務架構時，你將會遇到很多挑戰。我們已經研究了其中的一些問題，但想要進一步探討以幫助您有所警覺。

希望本章能為您提供可能會遇到的各種問題及足夠資訊。我無法在本書中解決所有問題，在此概述的許多問題已經在《建構微服務》中詳細討論過，在撰寫該書時即有充分考慮到這些挑戰了。

我還想提供一些跡象來幫助您確定要於何時解決這些問題，也指出在之後的旅途中最有可能會出現這些問題的地方。

越多服務，就越多痛苦

微服務架構確切何時會出現問題與多種因素有關，服務交互作用的複雜度、組織的規模、技術選擇、延遲和正常運行時間需求可能只是帶來困難、痛苦、興奮和壓力；很難說出何時或實際上是否會遇到這些問題。

總括來說，我已意識到，提供十項服務的公司所遇到的問題往往與提供數百項服務的公司所遇到的問題大不相同；服務的數量似乎與指出某問題何時最有可能顯現出來的方法一樣好。在這裡應特別注意，當談論服務數量時，除非另有說明，否則所使用的是不同的邏輯服務。這些服務部署到生產後，它們可以隨後部署為多個服務實例。

不要以為採用微服務像個開關；請將其視為撥號盤。當轉動撥盤提供更多服務時，希望你會有更多機會從微服務中獲取好處。但是當您打開撥號盤，會遇到不同的困難點。執行操作時，需要找到解決問題的方法，但這些方法可能需要新的思維方式、新技能、不同技術或甚至是新技術。

圖 5-1 根據最有可能出現這些問題的位置，大致描繪了本章其餘部分將介紹的困難點。這毫無科學根據，且很大程度是基於傳聞經驗，但我仍認為它是很有用的概述。

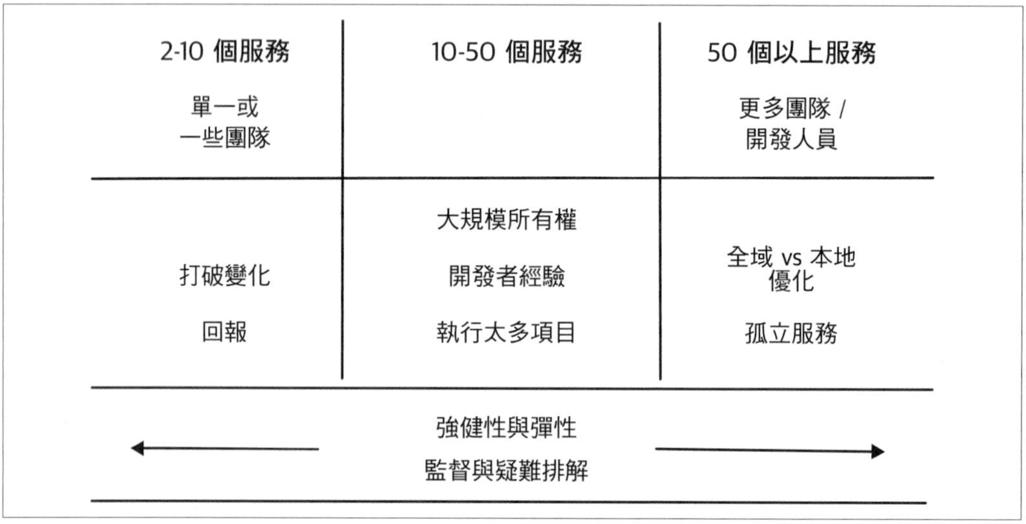

2-10 個服務	10-50 個服務	50 個以上服務
單一或一些團隊		更多團隊 / 開發人員
打破變化 回報	大規模所有權 開發者經驗 執行太多項目	全域 vs 本地 優化 孤立服務

強健性與彈性
監督與疑難排解

圖 5-1 高階顯示出某些困難點經常表現出來

我並不是說您一定在這些時候會遇到上述的所有問題；這涉及某些變數，因此上面這張簡易圖無法真切地表達出來。尤其是有個可能改變這些問題發生的因素，那就是你的架構最終如何耦合。使用更耦合的架構，與強健性、測試、追蹤有關等問題可能會較早表現出來。我所希望的是找出潛在隱憂。

但是請記住，你應該將其當作一般性指標，需要確保自己正在建立回饋機制以尋找潛在性指標。

現在我已經完全理解上圖，讓我們更詳細地研究每個問題。在此提供一些指標，指出哪些因素可能使這些問題彰顯出來，並瞭解它們會帶來什麼影響，對其提供解決之指標。

大規模所有權

隨著越來越多的開發人員致力於微服務架構，您可能會需要重新考慮如何處理所有權。

從通用的所有權程式碼角度來看，Martin Fowler 已經區分了不同類型的所有權（*http://bit.ly/2n5pSAf*）；廣義來說它們也在微服務所有權的上下文中工作。這邊主要是從更改程式碼的角度來考慮所有權，而非從誰來處理部署、一線支持等方面來看。在討論出現的各種問題之前，先看一下 Martin 所敘述的概念，並將其套用在微服務架構的上下文中：

強大的程式碼所有權

所有服務都有其持有者。如果外部有人想要進行更改，則必須提交更改需求給持有者，由其決定是否允許變更。一個例子是程式碼非所有權人需發送請求通知給所有權人詢問程式碼如何處理。

弱小的程式碼所有權

大多數（如果不是全部）服務是由某人擁有，但是任何人仍然可以直接更改其模組，而無需訴諸拉取請求之類的事情。實際上原始碼控制仍設定為允許任何人更改，不過他們預期的是在你要變更他人服務之前需要事先告訴他們。

集體程式碼所有權

不屬於任何人，所有人都可以更改他們想要變更的任何東西。

這個問題要如何呈現？

隨著服務和開發人員數量的增加，你可能會開始遇到集體所有權的問題；為了使其發揮作用，需要有足夠的聯結以對好變更的外觀、以及從技術的角度看要提供特定服務的方向有相同的共識。

無論如何，我已看到集體程式碼所有權對於微服務架構來說是個災難。我曾與一間金融科技公司分享過一個小型團隊正在經歷快速發展的故事，該團隊從 30 到 40 個開發人員的規模發展到 100 多個，但沒有為系統的不同部分分配任何職責，也沒有所有權的概念，但「人們知道什麼是對的」。

隨著系統架構的發展，浮現的事情並不是清晰的願景，反而是一團糟的「分散式單體式系統」。其中一個是開發人員所謂的「濾盆架構」，因其充滿破洞——人們只要公開資料或進行大量點對點呼叫，便是在需要的時候「打了一個新的漏洞」[1]。現實情況是，使用單體式系統更容易解決這些挑戰；而使用分散式系統則會變得困難，而且成本要高得多。

何時會發生此問題？

對於許多剛起步的團隊來說，集體程式碼所有權模型具有意義。我對於只有少量開發人員（約 20 名）的此種模型甚感滿意。隨著開發人員數量的增加及分佈，要使每個人在「什麼促成好的提交」或「個人服務應當如何發展」等問題上有共識變得更加困難。

對於經歷快速成長的團隊來說，此模型是有問題的，問題在於要發揮集體所有權的作用需要時間和空間來達成共識，並在學習新事務時進行更新。一般來說，人越多越難，而如果你想要快速招聘新人（或將他們轉移到項目中），將會變得非常困難。

潛在性解決方案

以我的經驗來說，強大的程式碼所有權幾乎是實施大規模微服務架構的組織所採用的模型，由多個團隊和 100 多個開發人員組成。每個團隊決定哪些變更規則變得容易多了，你可以將每個團隊視為本地採用集體程式碼所有權。該模型也允許產品導向的團隊，如果你的團隊擁有某些圍繞業務領域的服務，那麼你的團隊會更加專注於其中的一個業務領域。如此一來能以客戶為中心來維護，建立領域專業知識的團隊會變得較為容易，通常是由嵌入式產品所有者來擔任指導的工作。

重大變更

微服務以廣泛系統的一部份存在。它不是消耗其他微服務提供的功能，就是將自身的功能提供給其他微服務使用，或兩者皆是。我們正努力實現微服務架構的可獨立部署性，但是要實現這一點，需要確保在對微服務進行更改時不會破壞消費者。

我們可以**合約**的方式思考公開給其他微服務的功能，這不僅是說「這是我將要傳回的資料」，也與定義服務的預期行為有關。無論是否有與消費者明確訂立合約，它都存在。當更改服務時，需要確保不違反合約；否則可能會出現問題。

1　濾盆是一種有許多孔的碗型容器，可用於濾乾義大利麵。

你早晚都需要應對重大變更所帶來的挑戰——要麼是您有意識到做出了向後不相容的更改，要麼是你做出了變更後，以為只會影響本地服務，卻發現超乎預期地破壞了其他服務。

這個問題要如何呈現？

此問題最嚴重的狀況是，當看到由於實施發送新的微服務而導致生產中斷，從而破壞了與現有服務的兼容性。這表示你沒有早一步發現意外性違約；如果沒有迅速的退回機制，那這些問題將是災難性的。排除故障模式的唯一好處是，它**通常**在發行後很快就會顯現出來，除非很少使用的服務合約之一部分進行向後不相容的變更。

另一個跡象是，若看到人們試圖將多個服務同時部署在一起（有時稱為**鎖定步驟發行**）。這也可能是由於試圖管理客戶和伺服器之間的合約變更而發生的跡象。在團隊中偶爾的鎖鏈式發行並不是太糟糕，但如果常見則需要進一步調查。

何時會發生此問題？

我發現這是團隊在相當早期會遇到的成長難題，尤其是當開發擴展到多個團隊中時。在一個團隊中，人們在做出突破性的改變時往往會更有意識，部分原因為開發人員很有可能同時處理更改的和使用中的服務。當遇到一個團隊正在更改某項由其他團隊正在使用的服務時，這類問題會更頻繁地出現。

隨著團隊趨於成熟，他們會更致力於變更以避免出現故障，並建立機制儘早發現問題。

潛在性解決方案

我有一系列管理違約的簡易規則：

1. 不要違約。
2. 參見規則 1。

好吧，只是開個小玩笑。對您所公開的合約進行破壞性修改並不是很好且難以管理。若是可以的話，希望你能確實將其最小化，這裡有一些更實際面的原則：

1. 消除意外性的重大變更。
2. 做出重大變更前三思而後行——您有辦法避免嗎？
3. 如果需要進行重大變更，請先給消費者一些時間遷移。

我們會更詳細地瞭解這些步驟。

消除意外性的重大變更

為微服務建立一個明確的模式可以快速檢測到合約中**結構性**破損。如果公開了一個可接受兩個整數當作參數，但現在只接受一個整數的計算方法時，這在新架構中顯然是一項重大變更。若是向開發人員明確顯示此模式，可以幫助及早發現問題，若需手動更改，這將成為他們接下來明確的步驟，很有可能使他們停頓片刻並考慮變更。若為正式的模式格式，當然也可以選擇以程式碼方式處理問題，儘管這不是我希望的那樣。protolock（*http://bit.ly/2kUxvbq*）即為此類工具的一個範例，該工具實際上是禁止對協定緩衝區進行不相容的變更。

許多人的預設選項是使用無模式交換格式，最常見的是 JSON。理論上來說雖然可以為 JSON 定義明確模式，但事實上並未被使用。開發人員一開始會傾向於詛咒正式模式的約束，但是當他們不得不應對跨服務的重大變更時，就會改變主意了。另外值得注意的是，由於架構類型的原因，某些使用模式的序列化格式能夠在反序列化資料時提升性能——這是值得考慮的。

但是結構性破損只是其中的一部分，還需考慮**語意的**破損。如果計算方式仍然採用兩個整數，但最新版本的微服務將這兩整數相乘（以前只是相加），這也是中斷合約。實際上，測試是檢測問題的最佳方法之一，我們稍後會再介紹這部分。

無論你怎麼做，最快的勝利就是讓開發人員在變更外部合約的同時，盡可能地使其顯而易見。這可能意味著要避免使用神奇的序列化資料或從程式碼產生模式的技術，手動處理這些事情。請相信我——使服務合約難以更改，比不斷破壞消費者要好。

做出重大變更前三思而後行

如果可以，請盡可能擴展合約的變更。添加新方法、資源、主題或支持新功能的所有內容，而無需刪除舊方法。請試著找出同時支援新舊版本的方法，這可能意味著你最終仍不得不支援舊版程式碼，但是這依然比處理一個破壞性變更所需的工作量還要少。請記得，如果您決定要違約，您必須自行承擔後果。

給消費者時間來遷移

從一開始我就很清楚微服務被設計為**可獨立部署**。當你對微服務進行更改時，需要將其部署到生產環境中而不需部署其他任何東西，為此，你需要以不影響現有消費者的方法變更服務合約——因此，即使有新合約可用，你也需要允許消費者繼續使用舊合約，還需要給消費者一些時間來更改他們的服務，以遷移到新服務中。

我已經看到了兩種方式。首先是運行微服務的兩個版本，如圖 5-2 所示：同時使用兩種版通知服務，每版都公開不同的不相容端點，供消費者從中選擇。此方法的主要挑戰是，你必須擁有更多的基礎架構來運行額外服務，你可能需要維護服務版本之間的資料相容性、並對所有正在運行的版本進行錯誤修復，這不免也需要原始碼分支。如果在短時間內將兩種版本同時並存，某種程度上可能會緩解這些問題，這也是我考慮採用此種方法的原因。

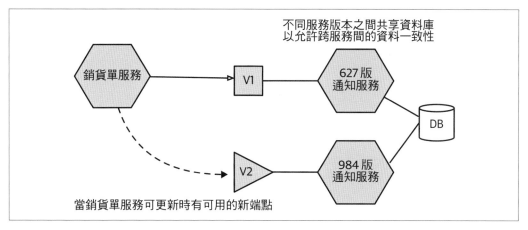

圖 5-2　同一微服務的兩種版本同時共存以支援不相容的變更

我更喜歡的方法是擁有一個正在運行的微服務版本，但同時支援兩個合約，如圖 5-3 所示。這可能涉及不同埠上公開不同的 API；其將複雜性推入微服務實現中，但避免了早期方法遇到的挑戰。我曾與一些由於外部消費者無法變更，幾年後在同一服務中支援了三個或更多舊合約的團隊交流過，這個處境並不有趣，但如果你發現自己無法改變消費者，那麼我認為這是最好的選擇。

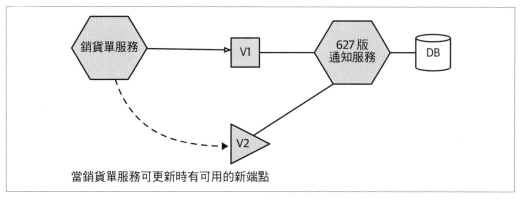

圖 5-3　一個服務公開兩個合約

當然，如果同一個團隊同時處理消費者和生產者，則可以執行鎖定步驟同時部署消費者和生產者的新版本。這雖不是我經常想做的事情，但至少對團隊來說更易於管理發行協調合作——只是不要養成習慣！

團隊中的變更容易管理是因為可以控制方程式的兩端。隨著要變更的微服務被更廣泛地使用，管理變更的成本也變得越來越高，最後雖可以輕鬆進行團隊內部的重大變更，但是破壞公開給第三方的 API 可能會很痛苦。

無論你這樣做的目的為何，都需要與管理使用服務的人有良好的溝通。您可能會給他們帶來不便之處，因此與之保持良好關係是重要的，對待服務使用者像對客戶般那樣！

快速解決！

隨著組織有越來越多的微服務，他們最終找到如何大程度消除意外性重大變更，並提出可管理的機制來處理目的性的更改。若他們不這樣做，那麼影響會變得更加巨大，以致於微服務架構無法站得住腳。換句話說，我強烈懷疑，不能解決這些問題的小型微服務組織無法持久，不夠時間發展為大型微服務組織。

報告

單體式系統通常都需要一個單體式資料庫，想要分析所有資料的利益相關者（通常涉及跨資料的大型連接操作）有一個現成的模式來運行報告，如圖 5-4 所示，他們可以直接針對單體式系統資料庫運行（也許是讀取複本）。如圖 5-4 所示。借助於微服務架構，我們已經打破了這種單體式架構，但不代表不再需要報告所有資料，我們只是讓它變得更加困難，因為現在的資料散佈在多個邏輯分離的模式中。

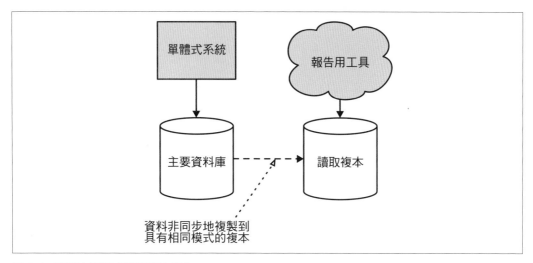

圖 5-4　直接在單體式資料庫中報告

何時會發生此問題？

這通常發生在開始考慮分解單體式系統模式的階段。希望你能在問題發生前就發現這點，但我見過多個案子，多半是進行到一半後，團隊才意識到該體系架構的方向讓那些對報告有興趣的利益相關者感到痛苦。很多時候，下游報告的需求沒有得到足夠多的考慮，因為發生於正常軟體開發和系統維護範圍之外的通常看不見也摸不著。

如果單體式系統已經使用專用的資料來源進行報告，像是資料倉儲或資料湖，則可避開此問題，但需要確保的是微服務能夠將適當的資料複製到現有的資料來源中。

潛在性解決方案

在許多情況下，關心能否存取某地的所有資料之相關利益者也可能會在工具鏈和流程上進行投資，期望直接存取資料庫（通常使用 SQL）。由此可得到的結論為，報告可能與單體式資料庫的架構設計有關，這也代表除非想要變更其工作方式，不然仍需要提供一個資料庫來回報，且需與舊版設計架構配合以限制變更的影響。

解決此問題的最直接方法為，先將用於報告目的之單一資料庫存儲的資料需求，與微服務使用的存儲和檢索資料之資料庫分開，如圖 5-5 所示。如此一來，報告資料庫的設計和內容可以與每種服務的資料存儲需求的設計和發展解耦，也允許在報告用戶的特定需求下變更報告資料庫，你接下來要做的就是弄清楚微服務如何將資料「推入」新模式。

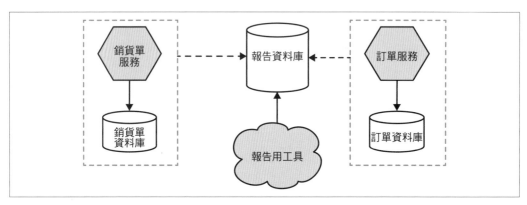

圖 5-5　專用的報告資料庫，其中資料已從不同的微服務推入到該資料庫

我們已經在第 4 章中研究過該問題的潛在解決方案。變更資料擷取系統顯然是解決方案，但是諸如視圖之類的技術也可能有用，因為可以從中投射出單一報告模式。除此之外還可考慮其他技術，例如將資料作為微服務程式碼的一部份以編碼方式複製到報告模式中，或者具有透過偵聽上游服務事件填充報告資料庫的仲介元件。

我在《建構微服務》的第 5 章有更詳細探討關於此主題的挑戰和潛在解決方案。

監控和疑難排解

> 我們用微服務代替了單體式系統，因此每次斷電都更像是一個謀殺之謎。
>
> —Honest Status Page（@honest_update），*http://bit.ly/2mldxqH*

使用標準的單體式應用程序，可以採用一種相當簡單的監控方法。我們需要擔心的機器數量很小，且應用程序的故障模式大多是二進制的，不是全部開啟就是全部關閉。借助微服務架構，我們可以僅考慮一個服務或一種實例的故障——做出適當的選擇嗎？

對於單體式系統，若 CPU 長時間卡死在 100％，這會是一大問題。在具有數以百計進程的微服務體系架構中，我們還能這麼說嗎？當只有一個進程停留在 100％的 CPU 上時，我們是否需要在凌晨三點把某人叫醒？

隨著移動的東西越來越多，釐清問題所在，以及了解是否需要為那些問題擔心變得更加複雜。隨著微服務體系架構的發展，監控和疑難排解的方式需要改變，是一個需要不斷投入心力的領域。

何時會發生這些問題？

準確預測何時會出現此問題相對較麻煩，簡單的答案像是「第一次在生產中出現問題」，但要弄清楚問題所在是開發人員和測試人員在進入生產之前必須處理的事情。當你有幾個服務時可能會遇到這些限制，也有可能直到有 20 個或更多服務時才會遇到。

因為很難準確預測現有的監控方法何時會失效，所以我只能建議優先實施基本改進。

這些問題如何發生？

其實某種程度來說這蠻容易發現的。您會看到無法解釋或難以理解的生產問題，儘管系統看起來很正常但仍會觸發警報，使你連篤定回答「一切都好嗎？」這種簡單的問題都有點困難。

潛在性解決方案

多種機制（其中一些易於實現，一些則否）可以幫助改變對微服務體系結構進行監控和疑難排解的方式，接下來是對應考慮的關鍵事項之詳盡介紹。

紀錄匯總

對於少數機器，尤其是壽命長的機器來說，當需要檢查紀錄時，通常會去找機器本身並獲取資訊。微服務架構的問題在於有更多的進程、且通常在更多的機器上運行，但這些機器可能是短暫的（例如虛擬機或容器）。

*紀錄匯總系統*允許擷取所有紀錄並轉發到可搜索的中央位置，在某些情況下甚至可以用來生成警報。從開放原始碼 ELK 堆疊（*https://www.elastic.co/elk-stack*）（Elastic search、Longstash ╱ Fluent D 和 Kibana）到我個人最喜歡的 Humio（*https://humio.com*）這些系統都非常有用。

在實施微服務架構之前，強烈考慮實現紀錄匯總為要做的第一件事，它不但非常有用，還可以測試出組織在營運空間中實現變更的能力。

紀錄匯總是最簡單的實現機制之一，應該儘早進行。實際上，我建議這是實現微服務架構時應該做的 **第一件事**。部分原因是因為它從一開始就非常有用；除此之外，如果你的組織難以實施合適的紀錄匯總系統，則可能需要重新考慮是否準備好要使用微服務。實施紀錄匯總系統所需的工作非常簡單，若你還沒準備好，那微服務對您來說可能太遠了。

追蹤

如果只能單獨分析每個服務中的資訊，則很難瞭解微服務之間的一系列失敗呼叫或哪個服務導致了延遲高峰。有整理一系列流程並將其作為一個整體來看的能力是非常有用處的。

首先，為進入系統的所有呼叫產生關聯 ID，如圖 5-6 所示。銷貨單服務收到呼叫時，會為其提供相關 ID。當它向通知微服務調度呼叫時，會傳遞關聯 ID，這可以透過 HTTP 標頭、訊息有效負載中的字段或其他機制來完成。通常我希望使用 API 閘道或服務網格來產生初始關聯 ID。

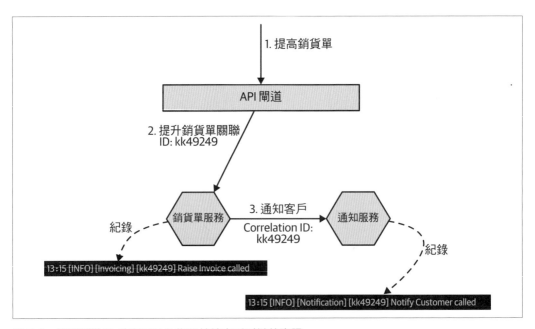

圖 5-6　使用關聯 ID 確保可以收集關於特定呼叫鏈的資訊

通知服務處理呼叫時可以與相同的關聯 ID 一起紀錄有關正在執行之操作的資訊，從而允許人使用紀錄匯總系統查詢與給定關聯 ID 相關的所有紀錄（假設你將紀錄格式的關聯 ID 放置於標準位置）。當然，您可以使用關聯 ID 進行其他操作，例如管理 sagas（如在第 4 章中討論的那樣）。

更進一步的做法是利用工具來追蹤通話時間。由於紀錄匯總系統的工作方式（定期對其批次處理並轉發到中央代理人），導致無法準確獲得資訊來判定於通話鏈中所花費的時間。分散式追蹤系統例如開源 Jaeger（*https://www.jaegertracing.io*）可以提供幫助，如圖 5-7 所示。

圖 5-7　Jaeger 是一個開源工具用於擷取分散式追蹤之資訊，以及分析單一呼叫的效能

應用程序對延遲的敏銳度越高，就越快能實現像 Jaeger 的分散式追蹤工具。值得注意的是，若使用了關聯 ID 生成並用於現有的微服務體系架構中（通常在需要分散式追蹤工具之前我會提倡這麼做），那麼您可能已經在現有服務堆疊中找到了可輕鬆變更的位置，將資料推入到合適的工具中。服務網格的使用也有幫助，即使不能很好地處理單個微服務的呼叫，它也能處理來往呼叫的追蹤。

生產測試

功能性自動化測試通常用於部署之前,回應關於軟體是否有足夠好的品質進行部署。一旦投入生產,我們仍希望獲得相同的回饋!即使給定功能曾在生產中有功用,新的服務部署或環境變更日後也可能會破壞到該功能。

透過注入虛假的使用者行為於系統中通常稱為**合成交易**;我們可以定義期望的行為,並適時地發出警報。在我以前服務的公司 Atomist 中,對於新人入職流程有些複雜,需要使用他們的 GitHub 和 Slack 帳戶對軟體進行授權。有足夠多的活動部分在此過程早期會遇到一些問題,例如受限於 GitHub API 的速率。我其中一位同事 Sylvain Hellegouarch 編寫了虛假客戶的註冊腳本,我們會定期為這些假用戶觸發註冊流程,將整個端到端流程編寫為腳本。如果失敗了通常表示系統出了點問題,與「假」用戶相比,這比真用戶要好得多!

採用現有的端到端測試並對其重新加工用於生產環境中的測試確實為很好的起點。重要的考慮因素是要確保這些「測試」不會對生產造成影響。透過 Atomist,我們建立了 GitHub 和 Slack 帳戶,控制它們用於合成交易,因此沒有真正的人參與或受到影響,並且腳本也容易於事後清除帳戶。另一方面,我也確實聽說過一個報導關於某間公司曾意外訂購了 200 台洗衣機送到總部,因為他們沒有適當考量到測試訂單最終會被送出的事實,所以請小心!

邁向可觀察性

在傳統的監控和警報流程中,我們會考慮可能出現問題的地方,收集資訊來告訴我們什麼時候出錯,並發出警報。因此,我們主要是在處理已知問題的原因,例如硬碟空間用盡、服務沒有回應或延遲高峰。

隨著系統變得越來越複雜,預測系統可能故障的方式也更加困難。重要的是,允許我們在出現這些問題時詢問系統的開放式問題,以幫助我們第一時間止血並確保系統能繼續運作;但同時也允許我們收集足夠的資訊來解決問題。

因此,我們需要能夠收集有關系統運行狀況的大量訊息,使我們事後能夠詢問關於資料的問題。追蹤和紀錄能構成重要的資料來源,從中提出問題並使用真實資訊,而不必透過猜測來確定問題所在,祕訣在於讓資訊易於文中查詢。

不要以為你已經知道答案了，而是要採用可能會讓你感到驚訝的觀點，要擅長於詢問系統問題，並確保使用允許臨時查詢資訊的工具鏈。如果想要更深入探討這個概念，《*Distributed Systems Observability*》這本書是個很棒的起點[2]。

當地開發者經驗

隨著你擁有越來越多的服務，開發者經驗可能開始蒙受災難，像 JVM 這樣的資源密集型運行時，會限制能在單個開發人員機器上運行之微服務的數量。我或許可以在筆記型電腦上將四或五個基於 JVM 的微服務作為單一進程，但是我能運行十個或二十個嗎？答案恐怕是不行。即使運行時的稅收減少，可以在本地運行的東西也有一定的限制，所以當遇到無法在一台機器上運行整個系統時，不免需要討論下一步要怎麼做。

這個問題要如何呈現？

由於要維護的服務變多，每日的開發過程可能會開始變慢，本地建構和執行的時間也會拉長。開發人員將開始請求更大的機器來處理必須處理的服務數量，這雖然短期內可能可以解決問題，但如果服務持續增長，那也不過是爭取了一些時間罷了。

何時會發生此問題？

何時才能確切表現出來取決於開發人員希望在本地運行的服務數量，以及這些服務佔用的資源量。使用 Go、Node 或 Python 的團隊可能會發現他們可以在遇到資源限制之前於本地運行更多服務，但是使用 JVM 的團隊可能會更早解決此問題。

我還認為實踐多種服務的集體所有權之團隊更容易遇到此問題。他們在開發過程中可能需要在不同服務之間切換，擁有少量服務所有權的團隊通常只會專注於他們自己的服務，且可能會發展機制來分攤無法控制的服務。

潛在性解決方案

如果想在本地開發但必須運行的服務數量減少了，那麼有一種常見的技術是「淘汰」那些不想自己運行的服務，或者將它們指向其他地方去運行。單純的遠程開發人員設置能針對強大功能的基礎架構上所管理的眾多服務進行開發，但隨之而來的挑戰是需要網路連接力（這對於遠程工作或經常旅行的人來說可能是一大問題），可能反應時間較慢、需要在軟體正常運作前遠程部署，以及開發環境所需的潛在性資源爆炸（和相關成本）。

2　請參閱 Cindy Sridharan 所著的《*Distributed Systems Observability*》（Sebastopol: O'Reilly Media, Inc., 2018）。

Telepresence（*https://www.telepresence.io*）是一個工具的範例，旨在使 Kubernetes 用戶更輕鬆地進行本地 / 遠程混合開發工作。您可在本地開發服務，但 Telepresence 可以將對其他服務的呼叫代理到遠程群集，從而（希望）達到兩全其美。Azure 的雲端功能也可在本地運行，但是可以連結到遠程雲端資源，使你能透過功能強大的本地開發人員工作流程建立服務，同時又可在廣泛的雲端環境下運行服務。

瞭解開發者經驗隨著服務數量的增加而變化是非常重要的，因此需要適當的回饋機制。您需要不斷投資以確保開發者能夠隨著使用服務數量的增加而盡可能保持高生產力。

執行過量

隨著擁有更多服務以及這些服務的更多實例，你將需要部署、配置和管理更多流程。因需要管理的移動數量增加，用於單體式系統應用程式的部署和配置之現有技術可能無法得到很好的擴展。

期望的狀態管理變得越來越重要。**期望的狀態管理**能夠指定所需的服務實例之數量和位置，並隨著時間的推進確保保持這種狀態。您目前可能透過手動方式管理單體式系統流程，但是當擁有數十個或數百個微服務時，尤其是在每個微服務有不同的期望的狀態時，將無法很好的擴展。

這個問題要如何呈現？

您將開始看到需花費更多的時間來管理部署及對期間發生的問題疑難排解。如果流程依賴於手動解決總是會犯錯，且無辜錯誤往往對分散式系統的影響難以預測。

隨著添加更多的服務，你會發現需要更多人來管理與部署和維護生產團隊相關的活動。可能會有更多人來支援營運團隊，或是看到交付團隊將更多的時間花費在部署方面。

何時會發生此問題？

這一切都與規模有關。您擁有的微服務越多，這些微服務的實例就越多，手動流程或傳統的自動配置管理工具（例如 Chef 和 Puppet）就不再合適這些要求了。

潛在性解決方案

您需要一種能實現高度自動化、理想地允許開發人員進行自助服務部署，並可以處理所需的自動化狀態管理的工具。

Kubernetes 已成為微服務領域中的首選工具。它需要對服務進行容器化，一旦完成，就可以使用 Kubernetes 在多台機器上管理服務實例的部署來提高強健性和處理負載（假設你有足夠的硬體設備）。

我認為 Vanilla Kubernetes 對開發人員來說不那麼友好。許多人正在研究更高階、對開發人員更友善的抽象，我希望這能繼續下去。期望將來在 Kubernetes 上運行的許多軟體之開發人員甚至都不會意識到，因它僅是一個細節。我傾向於看到較大的組織採用 Kubernetes 的包裝版本，例如 RedHat 的 OpenShift 將 Kubernetes 與工具綁在一起，使其在企業環境中使用起來更加容易，甚至可以處理企業身分和存取管理控制。其中有些包裝版還為開發人員提供簡化的抽象。

如果有幸進入公共雲，則可以使用那裡的諸多不同選項來處理微服務架構的部署，包含管理的 Kubernetes 產品。舉例來說，AWS 和 Azure 在此空間中都提供了多個選項。我非常喜好「功能即服務」（FaaS），它是所謂的**無伺服器**的子集。使用合適的平台，開發人員只需擔心程式碼部分，底層平台即可處理大部分的操作。儘管目前的 FaaS 產品確實有侷限性，但仍然提供了大大降低營運開銷的前景。

對於已經與公共雲端一起工作的團隊來說，我傾向從 Kubernetes 或類似的平台開始。由於工作量減少，取而代之的是採用無伺服器優先的方法——嘗試將 FaaS 之類的無伺服器技術當作預設選項。如果您的問題不符合可用的無伺服器產品限制，請尋找其他選擇。顯然地，並非所有問題空間都是平等的，但我認為，如果你已經在公共雲端上，可能不一定需要像 Kubernetes 這樣基於容器平台的複雜性。

 我確實看到人們在採用微服務的過程中蠻早接觸 Kubernetes 之類的東西，大家一般都認為這是前提。事實並非如此，像 Kubernetes 這樣的平台擅長幫助管理多個流程，但你應該要等到擁有足夠多的流程，屆時目前使用的方法和技術也將開始變得緊張，您可能會發現只需要五個微服務，且可以使用現有解決方案來愉快地解決問題，在這種情況下就太好了！不要僅因為看到其他人都在使用 Kubernetes 就跟著採用，微服務也是相同的道理！

端到端測試

使用任何類型的自動化功能測試都可以實現巧妙的平衡。測試執行的功能越多，測試的範圍越廣，對應用程序的信心也就越高。另一方面，測試範圍越大，運行時間越長，失敗時要找出損壞的內容就越困難。

就涵蓋的功能而言，任何類型系統的端到端測試都處於規模的極限，我們習慣於它們比小範圍的單元測試在編寫跟維護上更有問題。但這是值得的，因為我們希望透過端到端測試獲得信心，就像使用者可能會使用我們的系統一樣。

然而透過微服務架構，端到端的測試「範圍」變得非常大。我們現在必須跨多個服務進行測試，所有這些服務都需要針對測試場景進行適當的部署和配置，也必須做好由環境問題（例如服務實體死掉或部署網路超時）導致測試失敗的準備。我認為與標準的單體式架構相比，在進行微服務架構端到端測試時，我們更容易受到無法控制的問題之影響。

隨著測試範圍的擴大，你將花費更多的時間來解決出現的問題，導致建立和維護端到端測試變得相當耗時。

這個問題要如何呈現？

這問題發生的一個跡象為當端到端測試套件不斷增長，且耗費更久的時間來完成。這是由於多個團隊不確定所涵蓋的方案，為了「以防萬一」添加的新方案。您會在端到端測試套件中看到更多失敗，這些失敗並沒有突顯出程式碼問題，開發人員通常只是再次運行測試以查看是否通過。

在端到端的測試上所花的時間越來越長，以致於開始出現更多測試人員的壓力，甚至可能需要一整個單獨的測試團隊。

何時會發生此問題？

這個問題往往會悄悄地發生在自己身上，但是在由多團隊來處理不同用戶旅程的工作時，我敏銳地發現了這一個問題。每個團隊的工作越孤立，就越容易在本地管理自己的測試，而你就越需要測試跨團隊間的流程，端到端之大範圍測試就越容易出問題。

潛在性解決方案

在《建構微服務》中我描述了一些可幫助改變處理測試方式的選擇，幾乎有一整章節專門討論這個問題；但這裡是簡短的總結讓你進入。

限制功能自動化測試的範圍

如果你要編寫涵蓋多個服務的測試範例，請確保都保存在管理這些服務的團隊中；換句話說，應避免跨團隊邊界的大範圍測試。將測試的所有權保留在單一團隊中，可以輕鬆瞭解其涵蓋的正確範圍，也確保開發人員可以運行和除錯，清楚闡明了誰應該負責測試的運行和通過。

使用消費者驅動合約

您可能要考慮使用消費者驅動合約（CDC）來代替跨服務測試的需求。利用 CDC 可以讓微服務的使用者根據可執行的規範（測試）來定義他們對服務表現的期望。更改服務時，要確保這些測試仍然是通過的。

由於這些測試是從消費者的角度去定義的，因此可以很好地彌補意外性合約毀損；還能從他們的角度來瞭解消費者需求，瞭解到不同的消費者希望從我們這裡獲得不同的東西。

您可以利用簡易的開發工作流程來實現 CDC，但更簡易的方式為利用支援該技術的工具，最好的參考例子可能是 Pact（*https://pact.io*）。

值得注意的是我看到一些團隊在此方法上有顯著的成功，但其他團隊卻很難實現。這個想法雖好，也知道有其良好功效，但我還沒有完全理解採用這種技術會面到的挑戰；對於解決一個非常困難的問題來說，這仍是沒有得到充分利用的做法。

使用自動發行修復和逐步交付

透過自動化測試，通常在問題影響生產之前就能發現問題；但隨著系統漸趨複雜，要做到這一點會越來越難。因此花費大量精力在減少生產問題的影響是有必要的。

在第 3 章我們談過**漸進式交付**，是控制如何向客戶逐漸推出軟體新版本的總稱。其想法為從小族群的客戶中評估新版本的影響，決定要進版還是退回舊版。漸進式傳遞技術的一個例子為金絲雀釋出。

透過定義可接受的服務行為方式，能自動控制漸進式交付。舉一個簡單的例子，你可以為第 95 個百分位數的延遲和錯誤率定義一個可接受的臨界值，並僅在滿足這些標準時才能繼續推出，否則要自動退回前一版然後去分析原因。

許多組織使用自動發行修復技術，尤其是 Netflix 已經詳細論及使用此想法。它開發了 Spinnaker 作為部署管理工具，部分目的是幫助控制其服務的漸進交付，但你可透過許多方式將想法實踐出來。

我並不是說應該考慮自動發行修復而不進行測試，而是要考慮能從其中獲取的最大收益為何。您可能會得到更強健的系統，方法是把某些工作（如果確實發生）放在捕捉問題上，而不是僅僅著眼於阻止問題的發生。

重要的一點是，儘管這些技術能良好地協同運作，但要實施某種形式的漸進式交付仍須付出極大代價，即使你發現自動補救不是現在可行的辦法。就算只是手動控制漸進式交付，也比向所有人推廣新版軟體有很大進步。

持續改善回應週期的品質

瞭解如何與在何處進行測試是持續的挑戰。您需要有背景的人在整個開發過程中進行整體瞭解，以適應測試應用程序的方式和位置。這意味著要讓人們能夠確定需要添加的新測試以覆蓋發現由生產缺陷增加的系統區域，並在已覆蓋範圍的情況下刪除測試來改善回應週期。

簡而言之，在快速回應需求與安全性之間要取得平衡，需要像添加測試一樣也願意識別、刪除或替換錯誤的測試。

全域與本地優化比較

假設採用的團隊模型對本地的決策制定有更多責任，也許有他們所管理的整個微服務生命週期，那麼你將開始需要平衡本地決策與全域關注事項之間的關係。

這問題如何呈現的一個例子為，請想像由三個團隊管理銷貨單、通知服務和履行服務。銷貨單服務團隊決定使用他們所熟悉的 Oracle 作為資料庫；通知服務團隊希望使用 MongoDB 因為其較適合程式碼編撰，而履行服務團隊想要使用已經有的 PostgreSQL。當您依次查看每個決策時是很有意義的，能夠瞭解各團隊要如何做出選擇。

但是如果退一步放眼全局，你必須反問自己是否會想要為三個具有相似功能的資料庫建立技能並支付費用。還是僅採用一個資料庫，雖不適用所有人，但對大部分人來說已足夠？如果沒有辦法看到當地發生的事情，無法放眼全局，那要如何做出決定？

這個問題要如何呈現？

我見過最常見的方法是，當某人突然意識到多個團隊已經以不同的方式解決了同一個問題卻從未察覺，一段時間後會發現這可能是令人難以置信的低效率。

我記得和澳大利亞房地產公司 REA 的人交談過，在多年建構微服務之後，他們意識到自己的團隊可以採用多種方法部署服務。當人們從一個團隊轉移到另一個時，問題就產生了，因為他們必須學習新的工作方式，也很難分辨每個團隊正在做的重工。結果最後，他們決定以通用的方法來進行一些工作以解決此問題。

您可能會在午餐時偷聽到一句話後意外地發現這些事情。如果您有跨團隊的技術小組像是實踐社區，則可更早發現這些問題。

何時會發生此問題？

隨著時間的流逝，在多團隊組織中往往會出現此問題，尤其是那些在發展工作方面上給予團隊更多自由的組織。不要期望在您的微服務旅程中儘早看到此問題，而是需要先瞭解清楚該如何做。隨著時間的流逝，每個團隊將越來越專注於他們的本地問題，並優化解決問題的方式。因此「我們就是這樣做事的」核心共識將開始發生變化。

我經常在組織經歷了一段時間的擴展之後，看到這問題的提出和討論。在短時間內大量開發人員的湧入使臨時資訊共享難以擴展，而可能導致需要橋接更多的資訊孤島。

如果對服務實行集體所有權，那麼將有助於避免或至少限制這些問題；因為服務的集體所有權在解決問題的方式上需要有一定程度的一致性。換句話說，如果要集體所有權，就必須解決這個問題；否則它將無法擴展。

潛在性解決方案

我們已經討論了一些可以在此方面有所幫助的想法，在第 2 章中探討了不可逆和可逆決策的概念，如圖 5-8 所示。變更成本越高，影響越大，就越希望在決策後達成更廣泛的共識；影響越小，退回去就越容易，而本地團隊可以做出更多決策。

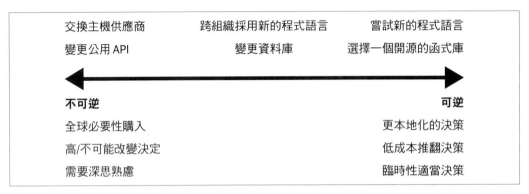

圖 5-8　舉例說明不可逆與可逆決策之間的差異

祕訣在於幫助團隊認識他們的決策可能趨向於不可逆或可逆的決策。趨於不可逆的越多,讓團隊之外的人參與決策就越重要。為了使此方法正常運行,團隊至少需要對大局的問題有基本瞭解,瞭解可能重疊的地方,且他們還需要一個能浮現出這些問題的網路,並得到其他團隊同事的參與。

作為一個簡單的機制,明智的做法是讓每個團隊至少一名技術負責人成為技術跨部門小組的成員,在小組中解決問題。該小組主席可由 CTO、首席架構師或公司總體技術構想的負責人來擔任。

此跨部門小組能雙向工作。除了提供一個讓團隊可在更大的論壇上討論本地問題之外,還可以找到跨領域的問題。若團隊之間沒有任何溝通,要如何知道團隊正以不同的方式在解決本地問題;或許在全域範圍內解決問題更合理?

根據組織的性質,你或許可以依靠臨時非正式流程。例如在 Monzo,人們可以提交內部稱為「提案」的自由格式文件。它們會被發行到共享空間中,由 Slack 提醒公司有新提議可用。感興趣的人可以討論並完善提案,期望這些提案並不是最終的產物,而是必須開放修改。這似乎對 Monzo 有效,部分原因是其圍繞在溝通和責任分擔的文化。

從根本上來說,每個組織都需要在全域和本地決策之間找到適當的平衡。您希望加入團隊的責任有多少?期望的集中控制程度有多少?對團隊的責任越多,獲得更大自主性的好處就越多;但是要權衡的是在解決問題的方式之一致性。越從中心推動事情,就越需要達成共識,但可能會減慢速度。我無法告訴您要如何適當的在兩種力量之間找到平衡,這需要自己解決。您只需要知道平衡確實存在,需要確保自己收集的資訊正確好以隨時調整平衡。

強建性和彈性

如果你較習慣單體式系統，分散式系統對你而言可能會出現很多陌生的故障，如網路封包丟失、呼叫超時、死機或是停止回應。在簡易的分散式系統（像是傳統的單體式應用程序）中，這些情況可能少見，但隨著服務數量的增加，罕見的情況會逐漸變得普遍。

這個問題要如何呈現？

不幸的是，這些問題可能會在生產環境中出現。以傳統的開發和測試週期來說，我們只會在短時間內重新建立類似的生產環境，這些罕見的情況不太可能出現，一旦發生，它們通常會被解散。

何時會發生此問題？

老實說，如果我能提前告知您系統何時會遭受不穩定性的話，就不會寫這本書了，我寧可把時間花在某個海灘喝雞尾酒。我只能說，隨著服務數量和服務呼叫的增加，將越來越容易受到彈性問題的影響。服務間的互聯程度越高，遭受連鎖故障和回壓的可能性也越大。

潛在性解決方案

一個好的出發點是問自己一些關於你所做的每個服務呼叫的問題。首先，我知不知道用此方式呼叫可能會失敗？其次，如果呼叫真的失敗了，要怎麼辦？

回答完這些問題後，你可以開始查看一系列之解決方案。將更多服務隔離開來會有幫助，包含引入非同步通訊來避免時間耦合（即我們在第 1 章中討論的主題）。使用合理範圍的超時能避免資源與下游服務的資源爭用，加上與斷路器結合使用，可以加快失敗速度以避免回壓問題。

運行多個服務複本可以幫助實例停止運行，平台可以實現期望的狀態管理（確保服務在當掉之後可以重啟）。

重申第 2 章中的觀點，彈性不是僅實現幾種模式而已，是一種整體工作的方式，即建立一個組織，不僅要預備好處理不可避免之問題外，必要時還要發展並實踐工作。具體實現的一個方法是，紀錄出現的生產問題然後保持紀錄所學到的知識。我經常看到公司解決了起初的問題後就急著往前，但幾個月後又出現了同樣的問題。

老實說我只是提了表面而已，關於此想法更詳細的研究，建議您閱讀《建構微服務》中的第十一章，或者看看 Michael Nygard 的《*Release It!*》（Pragmatic Bookshelf, 2018）。

孤立服務

鑒於擁有驚奇的技術及正在建立的令人難以置信的複雜、大規模系統，我們仍很奇怪地看到一些平凡問題。一個例子是，我看到許多公司都在努力了解它們到底擁有什麼、它在哪裡以及誰擁有它。

隨著微服務越來越專注於它們的用途，你會發現越來越多服務能一連運行好幾週、幾個月甚至幾年都不需對其作任何更改。一方面，這是我們想要的。獨立的可部署性是一個很吸引人的概念，部分原因是它使系統其他部分都保持穩定且無需更改，確實是一個好主意。

我將這些服務稱之為*孤立服務*，因為公司中沒有人對它們承擔所有權或責任。

這個問題要如何呈現？

我記得曾經聽說過（或許是假的）舊伺服器被包圍在舊辦公室裡的故事。沒有人記得它們在哪裡，但它們仍然快樂地運作著、做想做的事情。沒有人確切記得這些新發現的計算機功能，不敢將其關閉。微服務可以表現出某些相同的特徵；假設微服務正在工作，我們可能碰到的共同問題是不知道該如何處理它們，這種恐懼會使我們放棄改變它們。

根本問題是如果此服務確實停止工作或需要進行更改，那麼人們將無所適從。我曾與多團隊交流時聽他們分享一個故事，一個關於不知道服務的原始碼在哪裡的故事，這個問題真的很大。

何時會發生此問題？

長期使用微服務的組織通常會遇到一個問題，就是會看到有很長一段時間的服務工作紀錄消失。與此微服務有關的人也許忘記做過的事情或是已經離職了。

潛在性解決方案

有個未經測試的假設，就是實踐服務的集體所有權組織可能不太容易出現此問題，主要是因為它們必須實現允許開發人員進行服務間的轉移及變更的機制。這類型的組織可能

已經限制了語言和技術的選擇，以減少服務間上下文切換的成本。他們可能具有圍繞服務進行更改、測試和部署的通用工具；但如果自最後一次更新服務後常規的做法發生變化，那可能就無濟於事了。

我曾與許多遇到這類問題的公司交談，最終他們建立簡易的內部註冊表來幫助整理服務周圍的後設資料。有些註冊表僅是簡單爬原始碼庫，尋找後設資料檔案以建立服務列表。可以將這些資訊與來自服務系統的真實資料合併，以更全面地瞭解正在運行的內容以及可與誰交談的對象。

英國《金融時報》創建了 Biz Ops 來解決此一問題。該公司擁有全球團隊開發的數百項服務，Biz Ops 工具（圖 5-9）為他們提供了簡單的地方，除了能在其中找到關於網路和伺服器等其他 IT 基礎架構服務的資訊之外，還能找到許多有用的微服務資訊。它們建立在圖形化資料庫上，在要收集哪些資料以及資訊方面的建模上有很大的彈性。

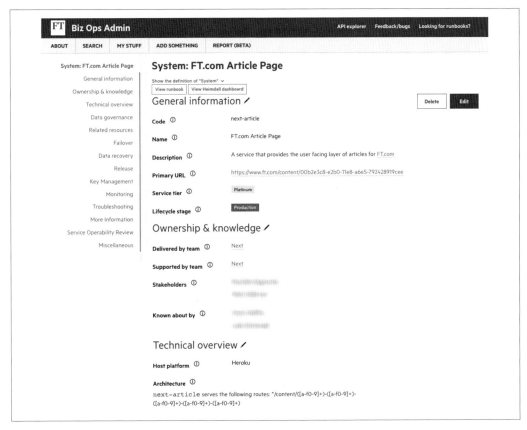

圖 5-9　金融時報 Biz Ops 工具用於整理關於微服務的資訊

但是 Biz Ops 工具的功能超乎我預期的多，可以計算出所謂的「系統可操作性分數」，如圖 5-10 所示。此想法是服務及其團隊應採取某些措施來確保服務的操作性，從團隊在註冊表中提供正確的資訊到確保服務正確的進行狀況檢查來進行；透過計算這些分數哪些需要修復就一目瞭然。

圖 5-10　金融時報微服務的服務操作性分數範例

擁有服務註冊表之類的東西有所幫助，但如果孤立服務早先於註冊表會發生什麼事？關鍵是要使新發現的孤立服務與其他服務的管理方式保持一致，如此便需要將所有權分配給現有團隊（若強加實行），或是要提出工作項目來改善服務（若實行集體所有權）。

結論

我們在本章中介紹的內容不是要詳盡列出微服務可能引起的所有問題、及可能的解決辦法；相反地，重點放在人們最常遇到且掙扎的問題上。

希望我也已經明確表示，對於何時出現這些問題並沒有明確的準則，每種情況都不同且涉及多種因素；我強調的是雖然無法預知未來但能提前警告。更有挑戰性的是，在解決問題之前與花時間修復永遠不會遇到的問題之間取得平衡。希望您能從本章中知道要注意些什麼。

第六章

結語

現在我們來到本書結尾了，我希望透過此書傳遞兩個關鍵信息。首先，給自己有足夠的空間並收集正確的信息以做出合理的決定。切勿一味地學別人，要思考自己的問題和背景、評估各種可能選擇繼續往前，若有需要可隨時變更；其次是要記住漸進採用微服務以及許多相關技術為關鍵。沒有兩個微服務架構是相同的，儘管你可從他人的經驗中吸取教訓，但仍需要花一些時間來找到適合自身情況的方法。將整個旅程分解為可管理的步驟，為自己取得成功的最大機會，並隨時隨地調整方法。

微服務並非適合所有人，但希望在閱讀完本書後，你不僅可以更瞭解它對您的適合性，還能知道要如何開始。

參考書目

Bird, Christian, Nachiappan Nagappan, Brendan Murphy, Harald Gall, and Premkumar Devanbu. "Don't Touch My Code! Examining the Effects of Ownership on Software Quality." *http://bit.ly/2p5RlT1*.

Bland, Mike. "Test Mercenaries." *http://bit.ly/2omkxVy*.

Bland, Mike. "Testing On The Toilet." *http://bit.ly/2ojpWwm*.

Brandolini, Alberto. *Introducing EventStorming*. Leanpub, 2019. *http://bit.ly/2n0zCLU*.

Brooks, Frederick P. *The Mythical Man-Month, 20th Anniversary Edition*. Addison Wesley, 1995.

Bryant, Daniel. "Building Resilience in Netflix Production Data Migrations: Sangeeta Handa at QCon SF." *http://bit.ly/2m1EwHT*.

Devops Research & Assessment. *Accelerate: State Of Devops Report 2018*. *http://bit.ly/2nPDNLe*.

Evans, Eric. *Domain-Driven Design: Tackling Complexity in the Heart of Software*. Addison-Wesley, 2003.

Feathers, Michael. *Working Effectively with Legacy Code*. Prentice-Hall, 2004.

Fowler, Martin. "Strangler Fig Application." *http://bit.ly/2p5xMKo*.

Fowler, Martin. "Reporting Database." *http://bit.ly/2kWW9Ir*.

Garcia-Molina, Hector, and Kenneth Salem. "Sagas." *ACM Sigmod Record* 16, no. 3 (1987): 249–259.

Garcia-Molina, Hector, Dieter Gawlick, Johannes Klein, Karl Kleissner, Kenneth Salem. "Modeling Long-Running Activities as Nested Sagas." *Data Engineering* 14, no, 1 (March 1991): 14–18.

Helland, Pat. "Life Beyond Distributed Transactions." *Acmqueue* 14, no. 5.

Hodgson, Peter. "Feature Toggles (aka Feature Flags)." *http://bit.ly/2m316zB*.

Hohpe, Gregor, and Bobby Woolf. *Enterprise Integration Patterns*. Addison-Wesley, 2003.

Humble, Jez, and David Farley. *Continuous Delivery: Reliable Software Releases through Build, Test, and Deployment Automation*. Addison-Wesley, 2010.

Humble, Jez. "Make Large-Scale Changes Incrementally with Branch by Abstraction." *http://bit.ly/2p95lv7*.

Kim, Gene, Patrick Debois, Jez Humble, and John Willis. *The Devops Handbook*. IT Revolution Press, 2016.

Kleppmann, Martin. *Designing Data-Intensive Applications*. O'Reilly, 2017.

Kniberg, Henrik, and Anders Ivarsson. "Scaling Agile @ Spotify." October 2012. *http://bit.ly/2ogAz3d*.

Kotter, John P. *Leading Change*. Harvard Business Review Press, 1996.

Mitchell, Lorna Jane. *PHP Web Services, Second Edition*. O'Reilly, 2016.

Newman, Sam. *Building Microservices*. O'Reilly, 2015.

Nygard, Michael T. *Release It!: Design and Deploy Production-Ready Software, Second Edition*. Pragmatic Bookshelf, 2018.

Parnas, David. "On the Criteria to be Used in Decomposing Systems into Modules." *Information Distributions Aspects of Design Methodology*, Proceedings of IFIP Congress '71 (1972).

Parnas, David. "The Secret History of Information Hiding." David Parnas. In *Software Pioneers*, edited by M. Broy and E. Denert. (Berlin: Springer, 2002).

Pettersen, Snow. "The Road to an Envoy Service Mesh." *https://squ.re/2nts1Gc*.

Skelton, Matthew, and Manuel Pais. *Team Topologies*. IT Revolution Press, 2019.

Smith, Steve. "Application Pattern: Verify Branch By Abstraction." *http://bit.ly/2mLVevz*.

Sridharan, Cindy. *Distributed Systems Observability*. O'Reilly, 2018. *http://bit.ly/2nPZ73d*.

Thorup, Kresten. "Riak on Drugs (and the Other Way Around)." *http://bit.ly/2m1CvLP*.

Vernon, Vaughn. *Domain-Driven Design Distilled*. Addison-Wesley, 2016.

Woods, David, "Four concepts for resilience and the implications for the future of resilience engineering." Reliability Engineering & System Safety 141 (2015): 5–9.

Yourdon, Edward, and Larry Constantine. *Structured Design: Fundamentals of a Discipline of Computer Program and Systems Design*. Prentice-Hall, 1979.

模式索引

每個邊界上下文的儲存庫	圍繞不同部分的領域拆分單一儲存庫層，使分解服務更加容易。
共享資料庫	多個服務共享單一資料庫。
分割資料表	在分解服務之前，將資料表分割為兩部分。
靜態參考資料函式庫	將靜態參考資料移動到與需要它的每個微服務一起包裝的函式庫或配置檔中。
靜態參考資料服務	提供存取靜態參考資料的專用微服務。
絞殺榕應用程序	將新的微服務架構圍繞著現有的單體式系統。使用功能的呼叫已經從單體式系統遷移到微服務了；其他呼叫則保持不變。
應用程序中的資料同步化	從單個應用程序內部在兩個真實來源之間同步資料。
追蹤器寫入	將資料從一個真實來源漸進遷移到另一個，於遷移過程中可以容忍兩個事實來源。
使用者介面組成	將多個小零件組裝一起呈現使用者介面。

索引

※ 提醒您：由於翻譯書排版的關係，部分索引名詞的對應頁碼會和實際頁碼有一頁之差。

S

關於作者

Sam Newman 是一名開發人員、架構師、作家和演講者,曾與世界各地不同領域的多家公司合作。他獨立工作,主要關注雲端、持續交付和微服務。在撰寫本書之前,他寫過最暢銷的書《建構微服務》亦是由 O'Reilly 出版,繁體中文版《建構微服務｜設計細微化的系統》由碁峰資訊出版。

當他不隨波逐流的時候,也許在東肯特郡的鄉村能發現他正從事各種形式的體育活動。

出版記事

本書封面上的動物是帶刺的椰菜花水母(學名 *Drymonema dalmatinum*)。這種亞熱帶水母生活在中大西洋和地中海,於 1880 年在克羅地亞(當時的達爾馬提亞)海岸附近首次被發現。在第二次世界大戰以後就很少看到,此為 2014 年在意大利沿海拍攝的巨大標本。

這種水母因其棕褐色與粉紅色以及令人印象深刻的大小(直徑可達三英尺)而被稱為「大粉紅」。牠起源於希臘文,為 Scyphozoa 的物種,意為「杯」,暗指動物的體形。牠被取名為 subphylum Medusozoa 乃因水母的長觸手,類似於神話中怪物頭上長出的蛇。

像其他水母一樣,牠兼有有性和無性繁殖方式。在有性繁殖中,雄性釋放出精子,雌性釋放出卵,然後在水中相連。受精卵變成息肉,在成熟前透過萌芽無性繁殖。人們相信帶刺的椰菜花以其他水母為食,通常是海月水母。

這種水母會在海水被發現,而非淡水。

O'Reilly 書籍封面上的許多動物都面臨瀕臨絕種的危機,牠們都是這個世界上重要的一份子。

封面插圖是由 Karen Montgomery 根據《*Medusae of the World*》的黑白圖像繪製而成的。

單體式系統到微服務

作　　者：Sam Newman

譯　　者：陳慕溪

企劃編輯：蔡彤孟

文字編輯：王雅雯

設計裝幀：陶相騰

發 行 人：廖文良

發 行 所：碁峰資訊股份有限公司

地　　址：台北市南港區三重路 66 號 7 樓之 6

電　　話：(02)2788-2408

傳　　真：(02)8192-4433

網　　站：www.gotop.com.tw

書　　號：A662

版　　次：2021 年 08 月初版

建議售價：NT$580

國家圖書館出版品預行編目資料

單體式系統到微服務 / Sam Newman 原著；陳慕溪譯. -- 初版.
　-- 臺北市：碁峰資訊, 2021.08
　　面；　公分
　　譯自：Monolith to microservices
　　ISBN 978-986-502-804-6(平裝)
　　1.電腦網路　2.系統架構
312.9165　　　　　　　　　　　　　　　　　110006385